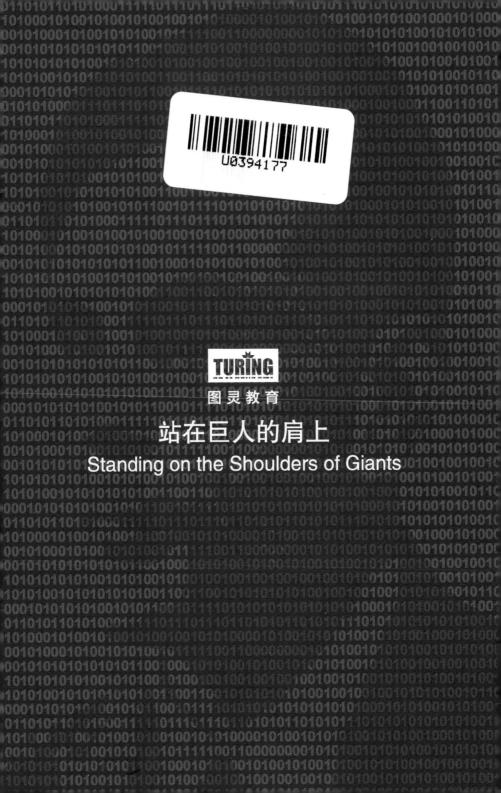

U0394177

TURING

图灵教育

站在巨人的肩上
Standing on the Shoulders of Giants

TURING 图灵程序设计丛书

# 枕边算法书

Algorithm stories which enhance programming imagination

[韩] 林栢濬 著　崔盛一 译

人民邮电出版社

北　京

**图书在版编目（CIP）数据**

枕边算法书 /（韩）林栢濬著；崔盛一译 . -- 北京：
人民邮电出版社，2018.2（2020.11重印）
（图灵程序设计丛书）
ISBN 978-7-115-47299-1

Ⅰ . ①枕… Ⅱ . ①林… ②崔… Ⅲ . ①计算机算法
Ⅳ . ①TP301.6

中国版本图书馆CIP数据核字（2017）第284371号

## 内 容 提 要

本书第1章重点讲解各种常见算法，第2章主要介绍几种相对少见的算法，第3章和第4章探究其他程序员编写的代码，从中总结优秀算法应具备的特点，以及高级程序员应当持有的态度和必须培养的能力。书中以日常对话般浅显的叙述方式，帮助专业开发人员、刚刚踏入软件开发和编程门槛的初学者体会程序设计的创造性和成就感。

◆ 著　　　　[韩] 林栢濬
　　译　　　　崔盛一
　　责任编辑　陈　曦
　　责任印制　周昇亮

◆ 人民邮电出版社出版发行　　北京市丰台区成寿寺路11号
　　邮编　100164　　电子邮件　315@ptpress.com.cn
　　网址　http://www.ptpress.com.cn
　　北京捷迅佳彩印刷有限公司印刷

◆ 开本：880×1230　1/32
　　印张：8
　　字数：169千字　　　　　　　　2018年2月第1版
　　印数：9 701 – 10 200册　　　　2020年11月北京第10次印刷
　　著作权合同登记号　图字：01-2016-2085 号

定价：45.00元
读者服务热线：(010)51095183转600　印装质量热线：(010)81055316
反盗版热线：(010)81055315
广告经营许可证：京东市监广登字20170147号

# 算法轻松学

《枕边算法书》的重点在于"枕边"，而不在于"算法书"。我最幸福的时刻就是完成所有工作后，拿着一本通俗小说（或漫画）入睡。书名中的"枕边"旨在说明，这是一本能够营造最自在、最愉悦时刻的有趣读物。

本书的写作目的并不是想"介绍"算法理论或对算法进行"讲解"，而是想通过与专业编程人员进行"日常对话"，创造机会，使读者了解我们每天完成的"工作"多么有趣、多么美好、多么具有创造性。

书中涉及排序（sort）、搜索（search）、二叉树（binary tree）、列表（list）、回溯（backtracking）、散列（hash）、欧几里得算法、动态规划（dynamic programming）等比较常见的算法，以及回文（palindrome）、末日（doomsday）、Soundex、梅森素数（Mersenne prime）等比较少见的算法。第1章和第2章主要介绍这些算法，第3

章和第 4 章探究其他程序员编写的代码。

算法的重要性不言自明。前不久，我在 ZDNet Korea 上发表了题为"问题在于算法"的专栏文章。文章发表后，很多读者都产生了共鸣，并给予反馈。下面将部分内容分享给各位。

"高校不应该只注重培养学生的编码能力，而应当想办法培养能够利用算法解决问题的能力。像纹身一样，我们可以通过 MOOC、培训班、研究小组等方式学习编码技巧，必要时可以'抹去'。但与自身融为一体的算法能力将会限制程序员的整体能力，因此，要在适当的时机掌握适当的知识，错过就很难再习得。

当今时代，技术飞速变化，从属于特定技术、平台、语言、API 的编码技术的价值已大不如前，反倒是舍弃旧技术而掌握新技术的能力显得更加重要。战斗机的生命力在于其快速改变方向的机动力，程序员的生命周期也取决于是否具备能够迅速改变编码方式的能力，而算法正是培养这种能力的'元能力'。

基于上述原因，美国的 IT 公司（除特殊情况外）在人才雇用方面并不会过多考虑精通特定技术或 API 的编程人员，而更倾向于在拥有基本能力（解决问题的能力，即算法）的基础上可以快速学习新技术并能应用于实际问题的人才。就像美剧《硅谷》中，主人公并不是非常高明的黑客或 Java 专家，而是一名开发过文件压缩'算法'的普通程序员。

软件编程技术由名为'算法'的'细胞'组成，存在于'算法细胞'内部的'DNA'就是逻辑。对任何事都具备逻辑思维的人能够编写非常优秀的代码，而缺乏这种逻辑能力的人无论多么努力学习'编程'也无济于事。"

对于软件开发人员而言，学习算法的目的不应定位于就业或得到更高职位，而应该像玩拼图或猜谜语一样，使学习成为一种有趣的游戏。本书就是采用了这种趣味性的介绍方法，所以受到广大读者的欢迎。我希望不仅是专业的开发人员，刚刚踏入软件开发和编程门槛的初学者也能阅读本书。

编程的本质是算法，算法的本质是解决问题，解决问题的本质是令人兴奋的成就感。希望各位阅读本书时，能够真正感受到这种成就感。

虽然我撰写本书内容和代码时一直尽力消除各种错误，但相信还有不少"漏网之鱼"逃不开读者们敏锐的视线，请登录"图灵社区"本书首页（http://www.ituring.com.cn/book/1785）提送勘误。

特别感谢给予本书出版机会的 Hanbit Media 金泰轩社长和刘海龙总编，以及提供了很多重要想法及建议的任成春组长，还要感谢朴炫进代理和洪元奎组长。由衷感谢妻子金喜盛，她对下班回家后总是拿着笔记本电脑不知所踪的我始终给予鼓励和关爱。

林栢濬

2015 年 9 月写于美国新泽西州

# 目录

## 第1章

### 爵士乐开启晨间香气

# 第 2 章

## 摇滚乐伴随正午活力

# 第 3 章

## 硬核朋克点燃午后激情

# 第 4 章

## 古典音乐带来夜晚安逸

# 第 1 章

## 爵士乐开启晨间香气

本章内容深度较浅、轻松易懂，包括几种拼图类问题、短小但需要认真思考的算法，以及回文算法和康威教授的末日算法等。这些算法都比较简单，不会对学习造成负担。

## 1.1

# 枕边的算法

我曾经为位于美国新泽西州的朗讯科技公司开发过一种基于 Web 的网络管理软件，使用该款管理软件的客户公司遍布欧洲、亚洲、南美洲及北美各地。其中，加拿大的一家公司提出要求，希望软件能够限制同一用户同时打开的网页数量。

为朗讯设计的网络管理软件中，用户通过网页浏览器每打开一个网页时，网站服务器就会生成一个与之对应的对象（此对象会应用于网络适配器、数据缓存、数据转换等场合）。这种模式下，若用户打开太多网页，则服务器端必将生成多个对象，从而导致服务器整体性能下降。因此，限制用户可同时打开网页数量的要求非常合理。

这个要求实现起来看似不难。收到一个打开网页的请求时，服务器端首先计算此用户当前已打开网页的数量。如果这个数量大于等于已设定的某个阈值，那么服务器端就会发送错误信息，而不是用户请求的网页。用户每打开一个网页就让计数器加 1，每关闭一个网页就让计数器减 1，这样就能实现这种算法。其本身将会非常简单。

不过世事难料，即使是再简单的算法，实现过程也不会一帆风顺。浏览器为了打开一个网页，需要向服务器端发送 HTTP 请求命令，所以比较容易实时跟踪。但如何跟踪浏览器窗口的关闭或用户跳转到其他新网页（比如打开 www.google.com）的瞬间呢？如果服务器端不能跟踪网页的关闭或跳转瞬间，那么上述算法将无法实现。

从此刻开始，程序员将"痛并快乐着"。越难的问题越能激发程序员对成就的欲望，就像绷得越紧的弓弦威力也越大。遇到这种问题后，程序员会开始翻阅技术手册、在互联网上检索解决方法，或向身边的编程高手请教"如何能够实时跟踪网页关闭或网页跳转瞬间"。如果具备丰富的网络编程经验，那么上述问题就不值一提；而对于没有经验的读者而言，寻找解决方案的过程会成为寻找新知识的快乐旅程。

实际解决问题时，根据架构或编程语言的"语法"及"指令"的不同，实现方法可能略有不同。不过，无论用何种架构或编程语言，其基本概念都大同小异。接下来，我将按照自己的习惯，利用 Java Applet 解决此问题。关闭网页窗口或跳转到新网页时，与网页浏览器进程同时工作的 Java 虚拟机必将调用 stop 和 destroy 方法。因此，在方法内部向网络服务器发送信息，即可实时跟踪网页关闭或跳转瞬间。

既然能够跟踪网页打开和关闭瞬间，那么实现前面的算法就非常轻松。不过，具体实现过程并没有想象当中的那样顺利，有些问题仍然需要经过艰难而复杂的过程才能解决。

领会了算法的整体架构和实现方法的具体细节后，我向管理员承诺了一个完成工作的期限。既然许下承诺，就要遵守这个期限。因为对于程序员来讲，这就像生命一样重要。程序员大体上可以分为两种，一种人编程水平高，而且能按时完成任务；另一种编程水平不怎么高，但也能按时完成。至于不能在承诺时间内完成任务的人，则压根算不上是程序员。

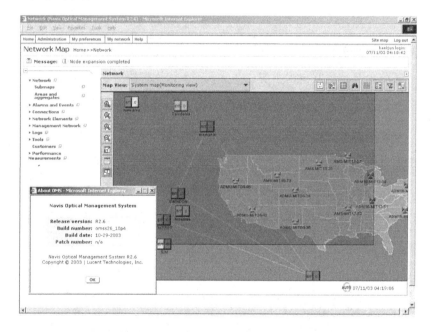

▲ 朗讯基于 Web 的网络管理软件界面（www.lucent.com）

虽然客户要求的开发时间比较紧，但我简单梳理了算法原型（prototype）并记录如下。由此，我认为能够向客户保证开发进度。

❶ 接收从浏览器发出的页面访问请求。

❷ 比较表示已打开网页个数的 current_count 和预设值 MAX_COUNT。

❸ 若 current_count 小于 MAX_COUNT，则传送请求的网页后，current_count 加 1。

❹ 若 current_count 大于等于 MAX_CONUNT，则传送错误信息。

❺ 从网页浏览器接收到网页关闭或跳转信息，则 current_count 减 1。

下面用代码实现此算法。

```
processPageOpenRequest ()
{
    if (current_count < MAX_COUNT)
    {
        sendResponse ();
        current_count++;
    }
    else
    {
        sendErrorMessage ();
    }
}
```

```
processPageCloseRequest ()
{
    current_count--;
}
```

浏览器请求新网页时，会调用processPageOpenRequest
方法；而接收到关闭网页或跳转到其他网页的信息时，则调用
processPageCloseRequest方法。虽然包括多线程在内的很多
部分都需要完善，但编写上述算法框架后，我还是一边享受着美味的
咖啡，一边想着"在限期内完成开发任务并不困难"。但事后证明，我
的这种想法是错觉。

要想发现此算法中隐藏的 Bug，需要了解网页浏览器的运行方式。
如果是编程高手，那么即使不了解浏览器运行方式，也能指出此算法
的内在问题。希望各位把自己想象是指挥整个项目的总设计师，然后
找出其中问题。此处可以给出一个小小的提示：问题与两个方法调用
的时刻，即 current_count 值发生变化的微小时刻有关。

大部分情况下，此算法看似运行正常。MAX_COUNT 的值设置为
比较小的数（例如 10）之后，连续打开浏览器窗口到第 11 个时，出
现错误信息。接着关闭一个已打开的窗口，使打开的网页数量变为 9，
然后又能顺利打开第 10 个窗口。打开服务器端日志即可查看
current_count 的值已经增加到 10，这表明算法执行正确。

这种测试称为单元测试，是程序员为了确认软件是否满足要求而
自行进行的测试过程。通常，为了查看新编程序代码或组件是否在整

个软件中运行正常，专门的测试部门会耗费大量的时间和精力进行测试。因此，单元测试是进行正式测试之前，为了检测基本功能而进行的"预测试"过程。

从某种角度讲，进行单元测试的认真程度是衡量程序员真正实力的标尺。往往有些实力不足（或工作态度不认真）的程序员，对自己编写的程序连最基本的测试都不做，而直接提交给测试部门（甚至是客户！）。程序员不容许有任何"失误"，所以细致而周密的测试工作是"必须"的，而不是"可选"环节。利用简单的测试就能提前发现Bug，而若是让用户在使用过程中自己发现，那么不仅要损失开发成本，更是程序员的耻辱。

编写能够执行上述功能的类之后，我进行了编译，并安装到测试环境进行测试。测试过程比较顺利，没有发现什么问题，所以我打算将代码保存到源代码仓库。正要保存的瞬间，我无意中看到已经打开的第 10 个窗口。这时突然产生了要点击 Refresh 按钮的想法。目前为止的测试中，打开第 11 个窗口时，我只考虑了在新窗口中打开新网页的情况。

Refresh（刷新）的主要功能是，在同一网页窗口关闭第 10 个网页的同时，打开第 11 个网页（即相同网页）。按理说，此操作也应当能够正常完成。第 10 个网页关闭时，Java Applet 的 stop 方法会向服务器端发出 current_count 减 1 的请求，然后再发出对第 11 个网页的请求。按照这种请求方式，第 11 个网页应该顺利打开。网页被Refresh 时，按照如下形式执行方法。

［第一阶段］ processPageCloseMessage

［第二阶段］ processPageOpenMessage

想到此处，大家就能想象出按下 Refresh 按钮时的显示器画面。实际上，确实按照预想的那样显示新网页窗口，即方法执行过程与设想的一致。算法在 Refresh 的情况下也能正常运行。

不过，观察已编写的网络管理软件可以发现，以超链接方式在网页左侧提供了一组嵌入应用软件的网页目录。这表明，某些时候可能会在某个网页中点击指向自己的链接（虽然用户这么操作的可能性比较小）。比如，浏览器当前窗口的 URI 指向 http://test.test.test/test/test.html，那么此窗口的左侧部分肯定包含标有 Test 的链接，而此链接的 HTML 代码为 <a href="http://test.test.test/test/test.html"> Test </a>。

那么，在第 10 个打开的窗口中点击指向自己的链接时，会打开新窗口吗？我事先并未考虑这种状况，此状况下两个方法的执行顺序也会与 Refresh 时相同吗？若不是，则会出现新的问题。但仔细一想，执行顺序应该相同。于是我立即点击左侧链接进行测试。

等待片刻之后，看到显示结果时，我的心不由得沉了下来。因为我看到的并不是正常的网页，而是已达到打开网页数上限的错误信息页。看似非常完美的算法终于露出了隐藏的 Bug。

服务器端日志文件显示，点击链接时，按照如下顺序执行方法。

[第一阶段] processPageOpenMessage

[第二阶段] processPageCloseMessage

观察对象是第 10 个窗口，所以点击链接之前，变量 current_count 值已达到 10，与 MAX_COUNT 相同。因此，调用 processPageOpenMessage 时，if 语句的条件 current_count<MAX_COUNT 会识别为 false，

所以不会调用 sendResponse 函数，而调用 sendErrorMessage 函数。

点击页面内链接后，浏览器会向服务器发送 2 个请求。一个是关闭当前页时，小程序的 stop() 方法发送的"网页已关闭"信息，另一个是请求新网页的"页面已打开"信息。目前设计的算法中，假设总是先发送"页面已关闭"信息，之后再发送"页面打开"信息（默认）。Bug 就隐藏在这种假设中。

如果不在第 10 个窗口，而在之前的窗口中点击链接，就不会出现上述错误信息。因此，在单元测试中，如果只测试前面几个已打开的窗口，就很难发现微小的时间差引起的这种 Bug。而这种 Bug 又非常严重，所以接下来只能从头开始检查并解决问题。

偏不凑巧，我发现上述 Bug 的时候正是 7 天休假开始的第一天晚上。当我准备正式提交编好的代码并享受悠闲的假期时，Bug 就像一条可怕的怪虫钻了出来。我将休假抛诸脑后，耗费了整晚时间修复 Bug，并考虑到其他情况下可能出现的错误，对全部代码又进行了测试。

为了不使 Bug 修复工作影响第二天的行程，我的调试工作竟然进行到了天亮。不过，熬夜完成修改后，看到新成果时，我心中的成就感伴随朝阳一同升起。此时，对于这个"毁掉"休假第一晚的 Bug，我不但没有厌恶感，反而觉得它非常有意思。想到这里，我在记事本里详细记录了此 Bug 的出现方式及特征。

一提到"算法"，人们通常就会联想起以数据结构为基础的算法分析和设计方法、排序、搜索、字符串匹配、动态规划算法以及 NP 完备等非常严密的学习过程。要想成为程序员，至少要将这些内容都学习一遍，而学习过程会很无聊。

与这些内容不同，本书包含的算法非常简单，各位睡前躺在床上，或者等地铁、约会等人期间，甚至上厕所无聊时都可以阅读。另外，书中的算法无需在计算机上通过编写代码或利用纸笔计算，肉眼阅读即可。

书中虽然没有介绍新颖的或技术上非常深奥的算法，但可以为大家减轻负担，进而对算法越来越感兴趣。此外，对于那些在校时未能系统学习算法的职业程序员，本书也想为其讲述轻量级内容。

算法是计算机编程之"花"，是一种轻快的游戏。本书也许对各位在公司里开发的项目无法提供直接帮助，但希望能够为广大程序员的繁忙工作带来一些趣味。至于这些希望能否实现、目的能否达到，很大程度上将取决于参与此"游戏"的广大读者。

▲《计算机程序设计艺术 卷1：基本算法（第3版）》

## 1.2

# 用谜题解开算法世界

我即将读完硕士课程时，很多 IT 公司都来校园进行过招聘，其中包括微软公司。为了参加微软的面试，我还特意穿了一套从韩国带来的西装（其实没必要）。进入狭小的教室后，我与坐在桌子对面的一位"大婶"开始了交谈。面试官的第一个题目是："请用 C 语言编写程序，将给出的字符串逆序输出。"

例如，编写函数，使输入字符串 I love you 输出为 uoy evol I。（请各位一起思考该如何解决，如果不能立刻想到正确算法，那就是还没有学到家啊！）如果掌握了 C 语言的基本语法，尤其是利用数组保存字符型数据的方法，就能很容易地解决此题。当然，问题的关键不在于能否编写，而在于能否编写高效的算法。这个问题并不难，所以我比较快地完成了编码工作。等待第二题期间，我还为能够遇到这么简单的问题而暗自庆幸呢。

记得解第二题的时候，因为解题过程过于有趣，我甚至都忘记了这是在面试。为了确认出题者的真正目的，我向"大婶"提了不少问题，而她都很认真地给出了答案。（虽然有些问题是因我听不懂英文单词而重新提出的，但表面上我装作都能听得懂。）更有趣的是，每当我向正确答案前进一步，这位"大婶"都给出了惊叹，以示鼓励。而我找不到解题方法而犹豫时，她也会给出一些小小的提示，为我指明前进的方向。遗憾的是，当时题目的具体细节我已经忘得一干二净了。（有很多类似"盲人猜帽子颜色""猜地板格数量"等的问题，不过我尚未找到完全相同的题。）

实现算法的过程与猜谜语非常相似，无论编写算法还是猜谜语，首先都需要掌握问题本身的意思。其次需要了解开始解题的第一个步骤，就像是在看不见路的地方捕捉线索，以获知前进的方向。了解第一个步骤后，接下来就需要一步一步向着问题的最终答案前进。只有编程水平较低的程序员才会异想天开，试图通过一两个步骤就找到正确答案，而编程高手总是向着最终答案一步一个脚印地前进。

幸运的是，虽然不完全相同，但我还是找到了难易度和性质比较相近的题目。希望各位以"高手"的姿态，细细品味此题。

"从前，有个小岛上只住着和尚。有些和尚的眼睛是红色的，而另一些的则是褐色。红色眼睛的和尚受到诅咒，如果得知自己的眼睛是红色的，那么当晚12点必须自行了断。（因为受到诅咒，所以只要得知自己的眼睛是红色的，则必须选择自杀，无一例外。）"

和尚们之间有一条不成文的规定，彼此不能提起对方眼睛的颜色。小岛上没有一面镜子，也没有可以反射自己容貌的物体。因此，没有任何人能够得知自己眼睛的颜色。出于这些原因，每个和尚都过着幸福的日子，也没有一个和尚自杀。

有一天，岛上突然来了一位游客，她对这个秘密并不知情。于是，这位游客对和尚们说：

"你们当中，至少有一位的眼睛是红色的。"

这位无心的游客当天就离岛而去，而和尚们却因第一次听到有关眼睛颜色的话题而惴惴不安。当晚，小岛上开始出现了可怕的事情，究竟是什么事呢？

此题不简单却非常有意思，而一旦知道答案，又会觉得并不太难。这并非是那种荒谬的问题，要想解开需要一些逻辑推理，所以不要试

图一下子解开。我们应当从最简单的线索着手，进行一些最简单的假设，然后逐步推理。如果各位已经知道答案，那就暂且不论；如果是不知道答案的读者，请先用 2 分钟时间独立思考。在此重申，解决这种谜题类问题的过程与实际编程中寻找适当算法的过程非常类似。

```
if （（思考时间 > 2 分钟）|| （已经知道答案了吗））
{
    跳转至下一段
}
else
{
    返回上一段，并至少思考 2 分钟
}
```

下面查看正确答案。游客说"至少有一个人"的眼睛是红色的。假设岛上的和尚中没有任何人的眼睛是红色，那么会怎样呢？这种情况虽然最简单，但会产生最严重的后果。若没有一个和尚的眼睛是红色的，那么对他们来说，除了自己以外，看到的其他和尚的眼睛都是褐色。因此，每个和尚都会认为自己的眼睛是红色的（实际上是褐色）。可想而知，所有和尚当晚都会自杀。（虽然只是谜题，但结果实在可怕。）

如果只有一名和尚的眼睛是红色的，会出现什么结果呢？除了这名和尚外，其余和尚都知道谁的眼睛是红色的，那么这些褐色眼睛的和尚当然不会自杀。而那位红眼和尚因看到其他和尚的眼睛都是褐色的，就会判断出自己眼睛的颜色，进而选择自杀。游客的无心之言就这样夺走了一条生命。

接下来再考虑稍微复杂一些的情况。假如有两个红眼和尚，会有什么样的结果呢？现在开始的推理是为了得到本题答案而进行的核心推理部分。（开始时没有考虑过这种情况的读者，现在请放下书仔细思考：若有两个红眼和尚，会发生什么样的事情？）游客说"至少有一个"和尚的眼睛是红色的，所以两个红眼和尚都会以为说的是对方。

这两个和尚都会想："那个红眼的家伙今晚就要自杀喽。"并安然入睡。不过，因为两人都这样想，所以都能看到第二天的太阳。当这两位和尚相互碰面并看到对方没有自杀时，都会受到极大的打击。

此时，二人都会意识到，红眼和尚有两个而非一个，而且另一个正是自己。除此之外的任何情况都不可能让对方在第一个晚上不自杀而安然入睡。结果，受到打击的两个和尚会在第二天晚上都悲惨死去。

下面再考虑更加复杂的情况。如果有 3 个红眼和尚，又会怎样呢？平时，这 3 位会看到两个红眼和尚，所以听到游客的话后，都不会选择自杀。第一晚过后，他们又会想，另外两个和尚（红色眼睛）第二天晚上会同时自杀（根据前面探讨的"有两个红眼和尚"的情况）。像这样，这 3 个红眼和尚都会认为另外两个红眼和尚会同时自杀，而根本不会想到自己也是个红眼和尚。

到了第三天早上，看到本以为会自杀的另两个和尚并没有自杀时，根本没想到自己也是红眼和尚的这 3 人会同时受到极大的打击。因为，两个红眼和尚第二天晚上也没有自杀，这就表明还有一个红眼和尚，而这第三个红眼和尚正是自己。（除两个红眼和尚之外，他们平时看到其他和尚的眼睛都是褐色的。）

这种逻辑会反复循环。因此，该题的答案是"若小岛上共有 $n$ 个红眼和尚，那么第 $n$ 个晚上这些和尚会同时自杀"。例如，小岛上共有 5 个红眼和尚，那么第 5 个晚上，这 5 个红眼和尚会同时自杀。（真希望将题目中"和尚得知自己眼睛是红色时就会自杀"这个条件修改为"离开小岛"，因为即使是谜题的故事情节，提到"自杀"也还是让人觉得比较恐怖，十分悲伤。）

当时的微软面试以要求解这种谜题而闻名（不知道现在是否还保留着这种习惯），为此，准备找工作的很多学生（特别是留学生）之间会通过电子邮件互相"出题"，或将题目上传到网页。本书出现的很多猜谜类题目都是通过这种方式得到的。

## 1.3

# 定义数据结构

成功通过校招面试后，为了参加第二轮面试，我去了位于美国华盛顿州雷德蒙德的微软总部。带着激动的心情坐上飞机到达西雅图机场后，我搭乘一辆老旧的出租车赶往预订的宾馆。出租车司机是一位印度大叔，长得很像吹笛子逗眼镜蛇的印度艺人。他用快速而难懂的英语跟我聊天，说自己在西雅图认识很多开出租车的韩国人（出租车的速度基本上也达到了"子弹"的水平）。

几位面试官是小型数据库应用程序 Access 的开发人员，该款软件主要用于基于 Windows 操作系统的 PC。第一位面试官让我利用 C 语言编写代码，保存 52 张扑克牌。每张牌具有数字和花纹两种信息，所以我马上想到以 int 型变量和 char 型变量组成的"结构体"数组。

```
struct card {
    char *shape;
```

第 1 章 爵士乐开启晨间香气 **19**

```
    int number;
} cards[] = {
    "spade", 1,
    "heart", 1,
    "diamond", 1,
    "clobber", 1,
    "spade", 2,
    "heart", 2,
    "diamond", 2,
    "clobber", 2,
    .........
};
```

从广义上讲，定义数据结构的过程也属于编写"算法"的范畴。认真的程序员定义最简单的数据结构时，也需要认真对待。但面试那一天，我并没能做到这一点。看到上述答案后，面试官顿时皱起了眉头。这位面试官长得很像电影《刀锋冷》中的演员唐纳德·萨瑟兰，不过比唐纳德·萨瑟兰更年轻，肚子也更大，看起来有点邋遢。(《刀锋冷》是部老电影，我建议没看过的读者看看，情节非常有趣。)

请各位思考，上述定义有什么不足之处（而非不正确）呢？有经验的程序员可能马上会想到，上述结构体对内存空间的使用非常低效。虽然根据计算机硬件设计方式以及操作系统的不同会略有不同，但通常，char 型变量会占用 1 字节内存空间，而 int 型变量会占用 4 字节内存空间。

　　上面定义的结构体 card 由指向 char 型数组的指针和 int 型变量组成，所以 1 个 card 会占用 10 字节内存空间。（忽略 char 型数组中表示字符串结尾的 \0 后，计算的大概平均值。spade、diamond、heart、clobbe 分别由 5、7、5、7 个字符组成，所以按照平均值取 6 字节时，再加上整型变量占用的 4 字节，即可得出总占用空间为 10 字节。）因此，初始化 52 张牌后，card 中的数组 cards 至少会占用 10×52=520 字节内存空间。

　　然而，1 字节最多能够表示 $2^8$=256 个数值，所以根本不需要使用 char 型数组或整形变量保存只有 4 种颜色和 13 个数值的牌。因此，利用单一的 char 型变量即可表示牌的花纹和数值。按照这种思路，可以重新定义结构体 card。

```
struct card {
    char shape;
    char number;
} cards[] = {
    'S', '1',
    'H', '1',
    'D', '1',
    'C', '1',
    'S', '2',
    'H', '2',
    'D', '2',
    'C', '2',
    ........
};
```

代码中，S代表黑桃、H代表红心、D代表方块、C代表梅花。保存牌中的数值时，也以表示数值的字符代替原有数值。经过这些处理后，保存52张牌所需的内存空间减少到2×52=104字节。与前面的500多字节相比，差不多减少至1/5。

看到面试官皱起眉头，我迅速将cards的数据结构改写为这种形式。不过，他的眉头还是没有舒展开来。我只能是一边想"到底还要怎样啊？"一边等待下一个提问。沉默片刻后，面试官问道："这种方式是最优的吗？节省内存是否要付出其他的代价？"

各位如果经常编写算法就能体会到，表示程序执行速度的"时间"和表示内存使用量的"空间"总是对立。换言之，执行速度越快，程序会占用越多内存空间；而占用内存越少，程序执行速度就会越慢。上述示例中的这种差距可能不是很明显，不过将压缩信息 S 显示为 spade 这样的字符串时，还需要转换过程，而这个过程肯定会降低整个算法的处理速度。（当然，仅凭肉眼或感觉无法识别这种差距。）

基于上述原因，占用内存空间最小的算法或数据结构并不能称为"最优"。例如，究竟选用哪种排序算法主要取决于排序项个数、排序项预先排序程度，或者是否以任意顺序排列、可用内存空间大小等因素。因此，同一个算法的效率会根据不同条件变化。

我向面试官阐述了这些看法后，他才点头进入下一个问题。如果说第一个提问是围绕着简单的数据结构探讨了几个层面，那么第二个提问才是真正围绕着编程展开的。擦干净白板后，面试官递来一只记号笔，要求我定义一个二叉树数据结构，并编写能够实现添加节点功能的方法 addNode。

利用"对象"即可轻松定义"树"这种数据结构。我从 1996 年开始就一直在使用 Java 语言编写程序，所以向面试官提出了"用 Java 语言实现对象和方法"的要求。结果，话音刚落就发现大肚子"萨瑟兰"先生的脸上泛起丝丝冷意，好像在怒吼："喂！这可是微软的面试！"我面试的那个时期，Java 并不是程序员正式使用的语言。我与几名在雷德蒙德园区见到的程序员交流时，他们主要提及的也是 C 和 C++，以及 Perl 语言和 Python 语言，完全没有将 Java 语言放在眼里。

我虽然在三星 SDS 工作时也使用过 C 语言，但留学之后除了几门操作系统课程之外，所有编程工作都使用 Java 语言完成。而现在突然要用 C++ 语言完成题目，我感到浑身不自在。不过，在面试现场只能听从面试官的要求，所以我马上拿起记号笔，在白板上写下了简单的树结构对象定义代码。

```
struct node
{
    int value;
    node *leftNode;
    node *rightNode;
};

class tree
{
    public:
        tree();
    private:
        node *root;
        void addNode (int value, node* &p);
};
```

之后又写下了 addNode 的代码。

```
void tree::addNode (int value, node* &p)
{
```

```
if (p == NULL)
{
    p = new node;
    p->value = value;
    p->leftNode = NULL;
    p->rightNode = NULL;
}
else
{
    if (value < p->value)
    {
        addNode (value, p->leftNode);
    }
    else
    {
        addNode (value, p->rightNode);
    }
}
}
```

    想要理解这些代码，首先需要了解 C 语言中创建指针或 C++ 中创建对象等的语法。addNode 方法中，算法的核心是"递归"和二叉树结构。略有编程经验的读者可能很容易理解此算法。如果不熟悉 C 或 C++ 语法，请不要局限于局部内容，应当注重掌握算法的整个流程。

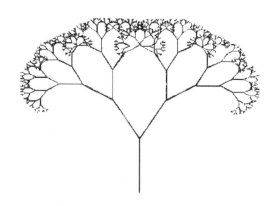

▲分形结构二叉树（www.mathsisfun.com）

　　ａｄｄＮｏｄｅ 方法的实现算法主要以调用自身的"递归"算法为核心，递归是对同一函数进行反复调用的方法。可以想象使用递归的二叉树形状，应当是一种同一结构反复出现的分形（fractal）结构。众所周知，分形结构的整体形状从一个小的形状开始，通过不断反复形成。二叉树中，将一小部分分割开来后，其形状还是二叉树，所以二叉树也属于分形结构。

　　简言之，递归是对分形结构的算法形式的表现。我工作的公司里不仅有美国人，还有从世界各地招聘的程序员。这些程序员中最多的是印度人，而印度人名中叫"维纳"（Vinay）的最多。这就好比韩国叫"哲洙"或"英姬"的人最多一样。我们开发小组有两个"维纳"，有一天，其中一个"维纳"给组员发来了如下电子邮件。

　　Team.（各位组员）

　　Vinay just called me and said he is off today because he didn't feel well.

（维纳刚刚来电话说身体不适，今天要请假。）

Vinay（维纳）

看到邮件后，我也发了一封邮件表示慰问，又添加了如下内容。

Your email is so recursive that I am worried about a stack overflow error.
（你的邮件递归性很强，我怕会发生溢出错误。）

在此，各位若能意识到 1.2 节中"红色眼睛与褐色眼睛"谜题也利用
了递归方法，那么可以得到满分了。假设代表红眼和尚人数的 $N$ 为 10，
那么我们可以适用 $N$ 为 9 的逻辑。同理，$N$ 为 8 或 7 时，都适用 $N-1$
时的逻辑。将 $N = 1$，即"只有一个红眼和尚"视为终止条件，即可得
出最终结果。这种过程与计算机算法中函数的递归调用过程完全相同。

在白板上写出如上二叉树定义后，胖乎乎的"萨瑟兰"先生为
了测试我的实力，又继续提了几个问题。这些问题并没有难倒我，
答题过程中的感觉也不错。不过，到了最后一道题，我还是被难住
了。面试官拿过记号笔，将白板上的 addNode 方法的签名改写为
如下形式。

```
void addNode (int value, node **p);
```

之后，他让我重新定义 addNode 方法，这相当于问我"是否懂
得指向指针的指针？"如果让我慢慢解决，我还很有把握，不过在面试

中看到两个紧挨着的指针，我开始手忙脚乱。此处暂且不谈"指向指针的指针"，感兴趣的读者可以自行思考这个问题。（如果平时经常使用 C 语言以及指针开发程序，那么这个问题应该不算太难。若平时很少使用，那么没有相关书籍的帮助可能很难解决这个问题。C 语言中的"指针"看似非常简单，但要想真正了解其妙处则难上加难。）

▲ 西雅图地标——太空针塔（www.seattle.worldweb.com）

我之后又见了三四名面试官，经历了几次相同形式的面试过程。他们提出的问题有些比较容易，有些则极难。整个面试结束已经临近傍晚，我拖着疲惫的身体、揉着昏沉的头，邀请一位住在当地的学长到韩国餐馆大吃了一顿。只能倒四五杯的一瓶烧酒居然要价 16 美元，不过，既然来到了"不眠的西雅图"，那就不得不小酌一杯。16 美元当时相当于 20 000 韩元，这瓶酒真的不便宜啊！

# 1.4

# 输出P的程序P

事实上，我对这次面试没抱什么希望，只是当作一种很好的经历，之后又开始准备其他公司的面试。得知我到西雅图参加了微软的面试后，几个朋友开始向我询问面试的详细内容以及气氛、环境等信息。虽然我有点不耐烦，不过拿出这些谜题或有些怪异的问题与大家一起探讨学习，对彼此还是有很大帮助的。

这些题目中，我记得与递归相关的题目值得深思。题目要求编写一个程序，使其输出自己本身的程序代码。（20世纪七八十年代，很多程序员利用各种不同的语言进行过这种比试，所以此类题目非常有名。）例如，程序源代码为P，编写程序使其原样输出P。讲到这里，各位可能联想到埃舍尔的画。尤其是名为《画手》的作品，非常准确、形象地反映了递归程序的基本概念。

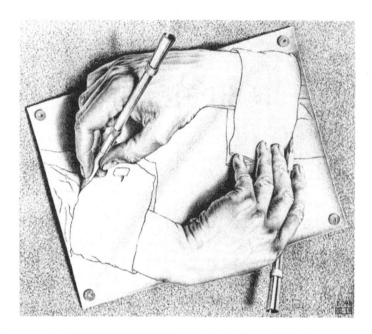

▲埃舍尔的名作《画手》( ©Cordon Art-Baarn-Holland )

假如，程序 P1 由如下几行代码组成。

```
main () { printf ("hello"); }
```

编译后执行，输出如下内容。

```
hello
```

假如，程序 P2 由如下几行代码组成。

```
main ()
{
    printf ("main () { printf (\"hello\"); }");
}
```

编译后执行，输出如下内容。

```
main () { printf ("hello"); }
```

可以说，此结果与 P1 相同，但执行输出的并不是 P1，而是 P2。
程序源代码与输出的结果并不相同。这个问题看起来非常麻烦。编写
能够输出 P 的程序 P，犹如将手伸入镜中抚摸自己的脸，应该是根本
不可能的事情，那么事实果真如此吗？

能够独立解开此题，那么解题过程将会是非常有趣而宝贵的经
验。当然，这种程度的算法不可能躺在床上就能解开，而需要端坐在
电脑前全神贯注地编写程序。不过，我倒是希望各位能够一边喝着绿
茶或咖啡，一边将此题当作趣味题求解。如前所述，遇到这类算法时，
想"一下子"解开的人只是编程菜鸟。"高手"从来都是一步一步向着
最终目标前进的。能够输出与自己本身的代码完全相同的字符的程序，
可能有很多种形式。下面是其中之一，假设以下 C 程序名为 P。

```
char* me; void main(void) {printf(me); putchar(13); putchar(34);
printf(me); putchar(34); putchar(';');} char* me =
"char* me; void main(void) {printf(me); putchar(13); putchar(34);
```

```
printf(me); putchar(34); putchar(';');} char* me =";
```

程序 P 执行结果如下。

```
char* me; void main(void) {printf(me); putchar(13); putchar(34);
printf(me); putchar(34); putchar(';');} char* me =
"char* me; void main(void) {printf(me); putchar(13); putchar(34);
printf(me); putchar(34); putchar(';');} char* me =";
```

C 语言中的 putchar 函数可以将以参数形式传递的整数转换为相应字符，然后进行输出（通常显示到终端）。查看 ASCII 码可知，十进制的 13 代表的符号是象征回车键的回车符（carriage return），而 34 代表双引号。printf(me) 会将较大的字符串变量 me 中的字符逐一输出，而 putchar(13) 表示为了从第二行重新开始而输入回车换行。

接下来的 putchat(34) 为 printf(me) 的内容添加双引号。源代码的第二行是字符串变量 me 的内容，所以前后要添加双引号。刚开始编写输出 P 的程序 P 时，看似无法实现，不过至此可知，其实并不难。除了 C 语言，用 Perl 语言或 Java 语言实现此算法也非常有趣。另外，完成输出自己的算法后，也可以再深入思考此算法能否继续精简。

# 1.5

# 找出隐藏的Bug

创造绝妙算法的过程可以使程序员体会编程的奥妙所在，不过在这种过程中，有时可能找出以奇异方式隐藏的 Bug。对算法的创造力越强，寻找 Bug 的能力也越强，反之亦然。可以说，找出 Bug 的能力与构思优秀算法的能力成正比。找出 Bug 的过程中，需要具备程序语言的语法层面的知识，但更重要的是需要具有正确引领"逻辑"思路的本领。

下列示例虽然不是程序，但可以试着找出数学逻辑展开过程中的 Bug。命题 2=1 肯定为假，所以此逻辑的某个部分一定隐藏着逻辑 Bug。这道题目比较简单，各位应该在 2 分钟内就找出答案。

[步骤 1] $a=b$

[步骤 2] $a^2=ab$

[步骤 3] $a^2-b^2=ab-b^2$

[步骤 4] $(a-b)(a+b)=b(a-b)$

[步骤 5] a+b=b

[步骤 6] b+b=b

[步骤 7] 2b=b

[步骤 8] 2=1


认真学过初中数学的读者应该能够很快找出其中错误，而没有认真学习的人再怎么瞪大眼睛也很难发现 Bug。上述几个公式包含的逻辑性"错觉"与实际设计算法时程序员常犯的失误非常类似，尤其是在多线程环境中处理微小时间间隔的情况下，或与外部组件交换数据的复杂环境中，逻辑错觉和失误是程序员无法避免的"宿命"。

对我来说，早晨拿着一杯咖啡坐在电脑前的那个时段工作效率最高，所以上午通常不会量产 Bug。而最危险的时段是傍晚后直到午夜。带着隐形眼镜的双眼开始发酸，敲打键盘的双手也开始出错时，需要探索复杂而精妙逻辑回路的理性思维就会开始麻木。

午夜时分对我来说，并不适合做需要理性思维的编程工作，而更适合一些感性的活动，比如读书、听音乐、小酌、与朋友聊天等。有些人可能更喜爱午夜安静的氛围，不过如果我错过了上午，就等于失去了整天。

前面的公式中，Bug 隐藏于步骤 4~步骤 5。相信各位很容易发现。


[步骤 4] (a-b)(a+b)=b(a-b)

[步骤 5] a+b=b

假如这两步正确，那么下面的逻辑也应该正确。

```
0 * 3 = 5 * 0
3 = 5
```

公式 $0 \times 3 = 5 \times 0$ 两边的值都是 0，所以为真，但两边除以 0 后得出的 $3 = 5$ 的结果为假。步骤 4~步骤 5 的过程中使用的这种逻辑从数学角度看根本不成立，这种错误通过简单的例子就能发现。但设计非常大的逻辑流程时，很难发现微小的错误。

查找程序中的 Bug 也是同理。我们往往找到 Bug 才发现，都是一些非常简单的、根本不应该犯的白痴错误。而这种简单明了的问题若是藏在复杂的算法当中，就很难发现。另外，实际的编程世界里存在的 Bug 不仅种类繁多，引起 Bug 的元凶也不一定是逻辑上的失误。实际编程中出现的 Bug 通常并不是由算法本身的逻辑缺陷引起的，而是程序员未能严格遵守防御性编程（defensive programming）规范导致的。

防御性编程的概念与"防御性驾驶"有些相似。面向对象语言 Java 中，最常见的错误就是因缺乏防御性编程而引起的 NullPointerException。实际编程中可以经常见到如下代码。

```
...
String userId = user.getId ();
BankAccount account = AccountManager.getAccount(userId);
int balance = account.getBalance();
...
```

上述代码中，通常会假定 AccountManager 总是能够返回 BankAccount。这种假定通常并不会有问题，整个代码也会正常运行。不过，AccountManager 无法返回对应于给定 userId 的对象时，这些代码就会成为量产 Bug 的主犯。（如果 account 为 null，那么执行 account.getBalance() 时，就会抛出 NullPointerException 异常。）

例如，（通常不会发生，尤其是设计谨慎的程序，会从设计时就避免这些情况），程序向 AccountManager 请求查询用户账户 BankAccount 时，刚好用户的 Account 从银行删除，那么就会发生上述 Bug。虽然这种情况不会经常发生，但一个认真的程序员平时就应该养成编写防御性程序的习惯。

```
...
String userId = user.getId ();
BankAccount account = AccountManager.getAccount(userId);
if (account == null || !account.isValid ())
{
    printErrorMessage ("无法找到账户.");
    return;
}
int balance = account.getBalance();
...
```

如果由其他人编写 AccountManager 程序，那么无法找到相应用户的银行账户时，很难查看 AccountManager 的返回结果。为了预防这种情况的发生，可以编写上述防御性程序。通过此程序可以查看 AccountManager 返回的是 null 还是无效（invalid）的对象。利用这种方法即可逐一查看各种情况，并且能有效防止意外的错误。

大家可能经常由于项目工期紧迫而来不及编写防御性程序，但倘若平时就养成习惯，那么参与实际项目时，编写防御性程序并不会耗费太多时间。实际编程过中，Bug 不仅仅是设计算法的逻辑流程时犯下的失误，还包括代码各部分中发生的"接口"不统一。

找出深藏的 Bug 会令人感到特别痛快（程序员都有过这种经历），这种情况对我来说数不胜数，其中记忆最深刻的一次发生在研究生在读期间。我读研究生时，网络课的一次作业内容是，设计一个能够完全模拟 TCP 协议的程序。编写的程序将在几台服务器中分散运行，并且相互传递预先规定的数据包。不幸的是，我编写的程序直到提交日期临近时也未能正常运行。

利用分散的三台服务器测试时，各服务器中的 Telnet 窗口画面本应逐行显示收发的数据，并自动滚屏。而运行我编写的程序时，开始能够看到滚屏效果，但之后并未显示其他数据收发信息。为了找出Bug，我首先利用调试器掌握数据流，然后在几个有疑点的地方设置了断点。虽然花了不少时间认真查找，但深深隐藏的 Bug 始终没有露面。时间在不知不觉地流失，已经到了要提交作业的前一晚，第二天上午 9 点就必须准时交作业了。

念及此，我早早吃过晚饭，然后又端坐在电脑前开始调试。编程本来就是只要稍微投入精力就感觉不到时间流失的那种工作，所以我对产生怀疑的部分进行慎重考虑后，只简单进行了几次修改、编译、测试等操作，就已经耗费了几小时。不过，我事先已经下定决心，所以并没有太在意时间成本。就这样，在几杯浓咖啡的帮助下继续调试，但经过很长时间也依然未能看到 Bug 的身影。

我刚开始时还不以为然，但到了凌晨 2 点，就开始焦躁了。一旦担心无法找出 Bug 而不能提交作业后，敲打键盘的手指也开始乱了阵脚。无论我从什么角度查看代码都找不出问题，而利用调试器跟踪程序流程也没能发现 Bug。最终，到了凌晨 5 点，我脑海中突然浮现出"放弃"这个词。

可是我的身体没有停歇，一次又一次进行着调试。时间已近清晨 6 点，窗外也渐渐亮了起来，远处笼罩着校园和小树林轮廓的灰色光芒逐渐被升起的太阳取代。由于这件事的年代较早，我也没有做过详细记录，所以无法具体说明最后找到 Bug 的细节。不过我还记得，最后找出 Bug 的时刻就是太阳刚刚升起的那一刻。

我每次都以"再试最后一次"的想法进行测试，结果居然成功通过了。迎着清晨蓬勃的生气，原本想要放弃的坏心情又开始被巨大的成就感取代。已经打开的几个 Telnet 界面都在连续收发数据，这表明几个服务器正在按照事先的规定准确收发 TCP 报文。

那天的记忆在我进入职场参加实际编程时也提供了很大帮助。AT&T、威瑞森、西班牙电信、德国电信等客户公司对程序提出修改要求时，总会给出十分紧迫的开发工期，有些要求甚至无法保证能够在技术上实现。不过，作为专业的程序员，遇到问题时绝不能回避，而要迎难而上，到最后也不能放弃。

　　实际开发中，临近期限而不能解决问题时，我并不会心浮气躁，而是向项目经理说明详细情况。（无论是韩国公司还是美国公司，"事先"向经理说明遇到的困难是非常重要的。如果平时只字不提，到期后又不能解决问题，那就非常不利于自己的能力评估得分。）然后，为了能够集中精力投入工作而重新规划日程。利用腾出来的几小时，不接电话也不看邮件，专心致志查找 Bug。我相信无论多难的事情，只要不放弃，一直坚持到最后一刻，那么一定会再次体会当年的喜悦。

　　大部分情况下，查找 Bug 是考验韧劲和注意力的过程。与奇思妙想或精妙构思相比，查找 Bug 更需要坚韧不拔的毅力。就像理清乱成一团的逻辑线团一样，这种毅力才是能够找出 Bug 的基石。反复经历 Bug 查找过程，还能够在设计新算法时构思更强、更有效的逻辑。很多人都认为，与创造新算法相比，必须查看他人代码的调试工作简直既无聊又没品位。但各位要知道，经常调试别人编写的程序是提高编程实力的捷径之一。

最后再出一道题。虽然不是程序调试题目，但也需要"把别人弄乱的线团一根一根解开"，才能找到答案。据说此题的作者是赫赫有名的"相对论之父"爱因斯坦，但无从考证。如果各位的记忆力不是超强，那么请用纸笔记录逻辑流程。解题时间为 3 分钟。

▲ 爱因斯坦好像在说"解题吧"（physics.stanford.edu/）

有 5 个具有 5 种不同颜色的房间；每个房间住着不同国籍的一个人；每个人都在喝一种特定品牌的饮料；抽一特定品牌的香烟；养某一特定的宠物；没有任意两个人抽相同品牌的烟或喝相同品牌饮料，或养相同宠物。问:"谁在养鱼?"

① 英国人住红房子;

② 瑞典人养狗;

③ 丹麦人喝茶;

④ 绿房子紧邻白房子,在白房子左侧;

⑤ 绿房子主人喝咖啡;

⑥ 抽"长红"牌香烟的人养鸟;

⑦ 黄房子主人抽"登喜路"牌香烟;

⑧ 正中央房子的主人喝牛奶;

⑨ 挪威人住第一个房子(最左侧);

⑩ 抽 BLENDS 牌香烟的人和养猫的人相邻;

⑪ 养马的人和抽"登喜路"牌香烟的人相邻;

⑫ 抽 BLUEMASTER 牌香烟的人喝啤酒;

⑬ 德国人抽 PRINCE 牌香烟;

⑭ 挪威人和蓝房子主人相邻;

⑮ 抽 BLENDS 牌香烟的人与喝矿泉水的人相邻。

这道题看起来像一首诗,比实际编程中遇到的调试问题简单得多,
此处不再另行解答。

# 设计精妙算法

从事编程的人经常需要解读其他程序员编写的算法，这一过程中往往能够掌握编写者的性格等信息。有些人愿意编写简洁明了的程序，而有些人则无视缩进等基本规范，甚至很没有诚意地用自家小狗的名字为变量命名。

虽然有些工具能够为编写的程序外观提供标准，但不可能完全取代程序员的劳动。例如，明确命名变量是每个程序员应具备的最基本的素质。编写程序与撰写私人日记完全不同，但仍然有很多初学者总是认为，自己编写的程序只要自己能看懂即可。编写程序时，如果程序员不考虑别人而只考虑自己，那就不能算是优秀的程序员。

但是，能够真正展现程序员实力和个性的并不是程序外观，而是其内在——算法。无论是利用面向对象语言设计对象，还是利用解释型语言实现程序逻辑，构成程序"血与肉"的是算法的效率和整体结构，这才是程序员真正实力的体现。

19 世纪的数学家高斯是家喻户晓的天才。小高斯在老师提出"求 1~100 之和"的数学题时，利用奇思妙想在很短时间内得出答案，并以此得到周围人惊讶而羡慕的目光。其他小朋友都在认真地从 1 开始进行加法计算时，高斯想到 1 + 100 = 101、2 + 99 = 101…，所以瞬间得出"1 + 2 + 3 + … + 100 = 101 × 50"的结论。（50 + 51 = 101，即共有 50 个 101。）

虽然看似简单，但实际发生时，并非所有人都能立刻想到这种算法。遇到问题就能想到这种绝妙算法的能力并不是灵机一动，或者天生的爆发力。要想拥有这种能力，需要练就能够彻底理解问题本质的观察力，和不被固定观念束缚的想象力，而这并非一夕之功。

▲ 数学天才高斯（www.math.uni-hamburge.de）

深入观察事物的能力和发挥自由想象的能力只能通过平时训练才能得到，这种训练不只包括计算机编程或数学逻辑方面的内容，而应当涵盖针对各领域的训练，这样才能取得更大的效果。因此，一名优秀的程序员并不是只坐在电脑前拼命编程的人，而应当喜爱接触新鲜事物，拥有广泛的兴趣爱好。比如爱读小说、爱看电影、爱打篮球，又能偶尔弹弹吉他、参与政治讨论、谈谈恋爱，也会参加聚会、应酬交际，对生活充满热情。因为，想象力只有通过接触生活中的各种事物才能得以丰富。

计算机科学史上的传奇人物冯·诺依曼也是性格开朗、对很多事物有着强烈好奇心的人。他性格坦率耿直，平时喜欢葡萄酒和美女。关于这个不亚于高斯的天才人物，世间流传着不少传奇故事，下面为各位讲讲其中比较著名的一个。

"两列相距 150 英里的火车相向而行，第一列火车时速 60 英里，第二列火车时速 90 英里。第一列火车头上有只苍蝇，先飞向第二列火车；到达第二列火车头后，又折返飞向第一列火车。苍蝇在两火车头之间往返飞行，直到两列火车相遇。如果苍蝇的飞行时速是 120 英里，那么最后共飞行多远？"

此题不属于简单的谜题，十分复杂精妙，需要计算数学中的无穷级数才能得出答案。解题所需的无穷级数公式本身就非常麻烦，而且整个计算过程也绝不简单。某一天，有个数学家想要看一看冯·诺依曼出丑的样子，于是给他出了这道题。结果，冯·诺依曼只用了短短几秒钟就写出了正确答案。

失望的数学家急忙问道："你是怎么解出来的？其他人用无穷级数需要很长时间才能得出答案，你怎么用时这么短？"冯·诺依曼回答道："你在说什么啊？我也是用无穷级数解的呀。"

日后，需要证明冯·诺依曼的"CPU"比别人的"CPU"更快、更准确时，人们经常引用这个典故。此外，还有很多故事能够证明冯·诺依曼的"内存"性能也超级强悍。高斯和冯·诺依曼都是领先于自己时代的天才，不过我们羡慕的并不是他们的"天赋"，而是对自己事业的无限"热情"和执着。若各位也具备热爱自己工作而全身投入的"专业"精神，那么您也可以比得上高斯和冯·诺依曼。

接下来，一边想着这些故事，一边解几个需要精妙想象力的算法问题。这些题并不只是为了趣味而解，而要通过它们测试"想象力"的深度和作为程序员的"坚韧"。解题时请不要急于得出答案，而要多花点时间仔细思考。真正的"实力"并不源自对课本知识的学习，而要在以轻松心情感受乐趣的这种时刻才能获得。

## {问题1}

有一个能够保存 99 个数值的数组 item[0], item[1], ..., item[98]。从拥有 1~100 元素的集合 {1, 2, 3, ..., 100} 中，随机抽取 99 个元素保存到数组。集合中共有 100 个元素，而数组只能保存 99 个数值，所以集合中会剩下 1 个元素。编写程序，找出剩余数值。

## {问题2}

无论正着读还是倒着读全都相同的单词或短语称为"回文"（palindrome），比如"上海自来水来自海上"，或英文单词 eye、madam 等。编写函数，判断输入的字符串是否为回文。若是，则返回 true，否则返回 false。

## {问题3}

2199 年 7 月 2 日是星期几？（7 月 2 日是我的生日，当然，这与答案毫无关联。）

我 25 岁才正式入门计算机编程，是大脑已开始"固化"的年龄。与现在从中学起就具备相当编程实力的人才相比，的确可以算是"大龄"程序员。因起步较晚，所以我总感觉比不上后辈们的"爆发力"。想不出适当算法而苦恼时，抬头看到那些悟性极高、能够轻松编写算法的程序员，我心里受过不少打击。

不过，参加公司项目后我才慢慢领悟，编程并不像一个人玩的围棋或网球，而更像足球，需要整个团队的相互团结、相互配合，这样才能最终获得成功。分析用户需求、设计系统、编写程序、进行测试、管理项目等，都不是一人能及的事情（整个公司就一个人的"个体户"除外）。当前，项目规模越来越庞大，即使请来高斯或冯·诺依曼这样的天才，也不可能一人完成全部开发工作。就好像即使是罗纳尔多或者齐达内，也不可能一个人踢赢对方一个球队。

要想完成一个项目必须分工合作，所以不仅需要个人能力，更重要的是团队合作。无论程序员个人能力多么强，只要无视其他同事的作用而独断专行，那么他就更有可能成为整个项目的弊，而不是利。相反，实力再弱的程序员在某些方面也会有超过别人的技能，只要拥有认真的态度，就能成为整个项目的重要支柱。（成为这种人也正是我的志向。）

在团队内部，程序员也和球员一样有自己的位置。因此，一个优秀的程序员并不是炫耀自己的能力而损坏团队利益的人，而应当深入反思自己的技能点，并取长补短。这类人都比较踏实认真，所以对别人也比较尊敬，项目中真正最需要的也正是这一类人才。反之，如果已经失去了对人最起码的礼节，那么无论实力多么强，也不能给项目带来利益。

基于这种原因，解上述题目时，速度"多快"并不重要。虽然前文提到解题速度越快越好，但我实际想强调的并不是速度，而是到了最后时刻也不选择放弃、继续解决问题的"专业"精神。透彻领会这种精神的人即使得到答案也不会轻易止步，他们会一直思考自己的算法是否最优。"天赋"是每个人出生时上天给予的能力，而"专业"精神是个人后天努力得来的。"天赋"和"努力"中，更重要的是后天的"努力"，而不是先天的"天赋"。这是我们从小就接受的教育，此处就不继续强调了。

言归正传，接下来看看第一道题。这个问题其实非常简单，但没能正确理解题意的读者可能认为很难。答案如下代码所示。

```
int gaussTotal = 5050;
for (i = 0; i < 100; i++)
{
    gaussTotal = gaussTotal - item[i];
}
printf (" 剩余数值 = %d", gaussTotal);
```

如果将集合的 100 个数值全部保存到数组，那么对存有 1~100 数值的数组全部相加，得到 5050。利用前面介绍的高斯算法即可轻松解答。

接下来，依次从 5050 减去数组中的 99 个数值，那么减去后的结果应当是一个非 0 数值（数组中少 1 个数值）。现在可知，这个数就是没能保存到数组的那个剩余数值。也许很多读者想到了与此相近的算法。即使没有得到正确答案也不用失望，因为真正应该感到失望的人是那些没能找到答案后轻易选择放弃、想要直接查看正确答案的人。

# 1.7

# 回文世界

如果正确理解了第二道回文函数的题意，那么编写此函数就很简单。判断输入的字符串是否为回文后，如果是则返回 true，否则返回false 即可。下列代码是实现这种功能的函数源代码。（这是完整的程序代码，此代码不仅包含了算法，还包括了能够测试算法运行结果的主函数。）

```c
int isPalindrome (char* inputString);

void main (int argc, char** args)
{
    int result;

    if (argc < 2)
    {
        printf ("Usage: palindrome inputString \n");
```

```c
        return;
    }
    result = isPalindrome (args[1]);

    if (result)
    {
        printf ("it is palindrome \n");
    }

    else
    {
        printf ("it is NOT palindrome \n");
    }
}


/* 回文判断函数 */
int isPalindrome (char* inputString)
{
    int index;
    int length = strlen(inputString);
    int testEndingIndex = length / 2;
    for (index = 0; index < testEndingIndex;
        index++)
    {
        if (inputString[index] !=
          inputString[length-1-index])
        {
            return 0;
        }
```

```
    }
    return 1;
}
```

有经验的 C 语言程序员应当很容易编写上述算法。将输入的字符串逆序排列、将输入的字符转换为整型数，或将整型数转换为字符等算法，是 C 语言算法测验题中经常出现的问题。这些问题的基本原理非常简单，很适合用于测验。但在内存使用率或 CPU 使用率方面，还有很多优化问题需要考虑。因此，这些题都是比较不错的测试素材，而判断回文的算法也属于这一类典型算法。

查看 isPalindrome 函数可知，该函数会按照设计要求正常运行。若是想到这种结构的算法，那么已经算答对此题。不过，从算法效率上看，还有需要修改的部分，究竟是哪呢？

如果能够想到 for 循环内部的 if 条件语句，那么您就答对了！if 条件语句会判断两个字符是否相同。其中，inputString[length-1-index] 中的 [length-1-index] 在每次循环中，将需要比较的字符位置从输入字符串的最后一位向内侧（或向左）移动 1 格。例如，输入字符串 madam 时，表示字符位置的 index 会按照如下形式进行计算。（字符串 madam 的长度，即 length = 5。）

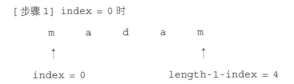

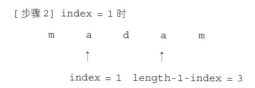

[步骤2] index = 1 时

```
    m    a    d    a    m
    ↑              ↑
  index = 1   length-1-index = 3
```

字符串像该示例中的一样较短时并无大碍，但字符串很长或者 for 循环嵌套二三层时，每执行一次循环都需要计算一次 [length-1-index]。这种反复执行的多余运算势必影响整个算法的性能。

换言之，[length-1-index] 计算中，至少 length-1 可以在 for 循环外事先完成，这样可以提高效率。因为每次执行循环时，都可以避免一次减法运算 length-1。希望各位仔细查看 isPalindrome 函数，思考是否还有可以省略的运算。

有一则数学观察报道与回文相关，非常有趣。1984 年，计算机科学家 F. Gruenberger 在《科学美国人》杂志的 *Computer Recreations* 专栏发表了一篇文章，引发了强烈关注。作者在文章中提出了一个非常有趣的算法。

❶ 选择任一数值；

❷ 翻转此数值（例如，选择 13 则翻转为 31），并将原数值和翻转数值相加（13 + 31）；

❸ 相加结果若不是回文，则返回 ❷ 反复执行，若是回文则终止算法。

还是用数值 13 举例。13 + 31 = 44，所以是回文。再用复杂一点的数值 87 进行测试。

```
87 + 78 = 165
165 + 561 = 726
726 + 627 = 1353
1353 + 3531 = 4884
```

4884 是回文，所以得到这个结果时，算法会终止。感兴趣的读者可以再用几个数值测试该算法，相信会得到非常有趣的结果。

```
(N = 12 时)
12 + 21 = 33        (33 是回文，算法终止。)


(N = 14 时)
14 + 41 = 55        (55 是回文，算法终止。)


(N = 19 时)
19 + 91 = 110
110 + 011 = 121     (121 是回文，算法终止。)


(N = 125 时)
125 + 521 = 646     (646 是回文，算法终止。)
```

回文算法就像充满魅力的魔术，引发了诸多关注。人们猜想是否所有数值都会让回文算法终止，即按照算法，所有数值最终都会成为回文。看起来，大部分数值经过几次运算都能找到与之对应的回文。

如果懂得在数学上证明一个命题的过程，那么可知，即使"大部分"数值会有相应回文，也不能证明"所有"数值会有对应回文。人们开始认为通过此算法就能找到所有数值与之对应的回文，遗憾的是，最终也没能找到能够证明这一点的数学方法。其实，无论用回文算法如何运算，有些数值都没有出现相对应的回文数值。正是这些数值妨碍了此算法的通用性，其中最小、最"顽固"的就是196。

这个数值被称为"196算法"或"196问题"，已经被世人广泛关注。196问题（或算法）指的是对196适用回文算法时，能否得到回文。感兴趣的读者请编写回文算法实现代码，测试输入196时能否得到回文。

数值196看似较小，但输入回文算法并反复运算后，它会以非常快的速度增长。最终，计算结果会超出计算机能够保存的数据长度。这种情况下只能动用能够保存大数值的特殊算法，而要使用这种算法，不仅会引发内存或数据的字节长度等导致的"空间"问题，而且执行程序时耗费的运算"时间"也会成问题。根据特殊算法的特殊性，对已保存数值进行计算时，不仅计算本身非常复杂，而且需要精妙运算。

1987年~1990年，学者John Walker为了计算以196起始的回文，计算到了100万位的数值（为了表示1个数值，动用了100万位数），但最终仍未找到。1995年，Tim Irvin利用性能更加优秀的计算机，耗时2个月计算到了200万位，结果仍未能找到。而6年后，即2001年，学者Jason Doucette计算到了1300万位（将这个数值保存到文件，大小将会是13 MB），但仍然未能找到回文。

这段没有终点的旅行现在进行到了 Wade van Landingham 这里，他计算到了 7000 万位数值，然而依然看不到出现回文的任何征兆。

其实，数值 196 能否计算到回文没有什么太大意义，因为这对我们的生活并不会产生任何影响。若是无法从逻辑角度进行"数学"证明（所有数值都能通过回文算法得到回文），那么证明"特定数值 196 能够得到回文"本身就没有意义。

即使如此，人们还是不肯放弃，依然在探索 196 的秘密。虽然通过这种探索开发出一些能够高效使用计算机资源的算法，但并没有什么特别动机。这正是这种探索最有趣的地方。人们有时会为了一些连"为什么"都不必问的事情贡献自己的一生，有些人会自己选择看不到回报又充满冒险的旅程。

回文问题看似只是为了满足那些喜爱数学谜题的"发烧友"而提出的，但很多算法的开发都经历过这种不问缘由的冒险才公诸于世。人类的历史也是如此。像松鼠一样每天都走同一条路的人不可能谱写人类历史，只有向充满不确定因素的未知世界投入全部人生的人才有可能成为历史的主人。终有一天，得知数值 196 能够终止回文算法的勇敢的冒险家会被人们永远铭记。

# 1.8

# 康威的末日算法

　　下面探讨第三题的答案。这道题并没有太多说明，只是问"2199年7月2日是星期几"。有些读者可能会将目光投向电脑屏幕右下角，想打开日历程序偷偷查看 2199 年的日期。对不起，Windows 系统的日历程序只支持到 2099 年，并不显示之后的年份。

　　还是先公布答案吧，2199 年 7 月 2 日是星期二。准确率是 1/7，所以可以靠运气蒙一下。但要想真正求出正确答案，过程并不简单。也许有些读者（很少）会自己设计精妙算法求出正确答案，但我还是想通过约翰·康威教授的"末日"算法进行说明。

　　约翰·康威教授任职于美国新泽西州普林斯顿大学数学系，他发明的"生命游戏"（Game of life）闻名世界。约翰·康威在数学的数论、编码理论、拼接、博弈论等领域留下了无数业绩，其一生创作了数不清的数学游戏和谜题。

　　末日算法虽然不是"游戏"，但在聚会中能够引起初次见面的异性的好奇。因此，为不少"花花公子"踏入数学殿堂做出了很大贡献。例如，"美丽的女士，请告诉我您的生日，让我猜猜是星期几。""请您随便说一个年份，我会猜出当年的情人节是星期几。"虽然听起来比较肉麻，不过这样就能一下子吸引对方的注意。

与月份或日期相关的题目不只局限于游戏范畴，实际编程中也会经常遇到。尤其是我在朗讯开发的网络管理软件中，面对的客户遍布世界各地，所以需要将表示日期的方法或时间段变换为符合当地习惯的表现形式。

全球存在数百个区域时间，一般人通常感受不到。这些区域时间表示方法各不相同，表示顺序也不同。比如，可以是通常所用的从左到右的顺序，也可能是从右到左的顺序。因此，程序员必须熟知这些差异，以显示符合用户习惯的时间。由此可见，程序设计不应只停留在抽象的数学逻辑领域，还应考虑具体的日常事务。

要想设计解题算法，首先必须彻底理解围绕着该算法执行环境的"游戏法则"。算法的基本框架，即抽象的数学逻辑流程即使在不同环境下也能保持相同模式。而实际上，算法可根据程序执行环境的不同发生变化。例如，使用 C 语言或者 C++ 语言的程序员始终要考虑硬件结构和操作系统给出的"规则"。同样，要想编写 Java 程序在虚拟机中运行，也需要熟知虚拟机的运行"规则"。

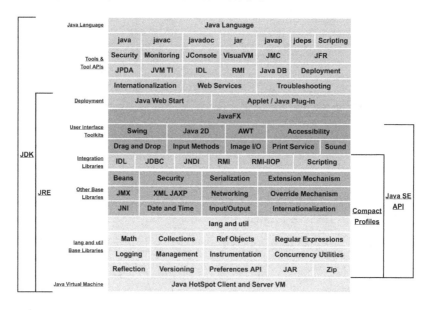

▲Java 语言复杂的内部结构（www.oracle.com）

康威教授的末日算法执行环境就是我们今天使用的"公历"环境。很多著名的排序算法也并不是从天而降的，我们使用的日历算法也不是某一天突然出现的，而是经过了很多人不断思索和研究后才得以诞生的"作品"。

"年"表示地球围绕太阳公转一周所耗的时间，"月"表示从一个满月到下一个满月所耗的时间，"日"表示地球自转一周所耗的时间，这些都是以需要准确掌握季节变化的农耕文化为中心发展的"刻度"。但令人苦恼的是，无论如何精确制作这种刻度，都不能与太阳、地球、月球三者的运动 100% 吻合。

例如，两个满月之间的实际平均时间是 29.5 日。若将所有月份都定义为 29.5 日，那么一年应为 354 日。如果制作一年为 354 日的日历，那么随着时间的流逝，会发生月份和季节不相符的现象。为了弥补这种缺陷，埃及天文学家最早设计了我们今天所用的一年为 365 天、每 4 年增加 1 天的"算法"。

虽然这种月历使用了相当长的时间，但还是出现了细小的误差（也就是 Bug！）。微小误差累积到 1582 年时，竟然显示月历与季节相差了 6 日。为了消除这种误差，人们开始对月历进行"调试"。最终，当时的教皇格雷戈里十三世宣布，一个新世纪开始的年份（即能被 100 整除的年份）若不能被 400 整除，则不是闰年。

例如，1900 年虽然能被 4 整除，但不能被 400 整除，所以根据"格雷戈里算法"，这一年并不是闰年。另外，2000 年能被 4 整除又能被 400 整除，所以是闰年。而 2100 年能被 4 整除但不能被 400 整除，所以也不是闰年。

上述复杂规律可以归纳如下。

**❶** 如果年份能被 4 整除，那么该年份是 2 月份需要添加 1 日的"闰年"。因闰年多出 1 日，所以当年为 366 日。

**❷** 如果年份能被 100 整除（即新世纪开始的年份）但不能被 400 整除，那么该年不是闰年。

新世纪刚开始不久的 2003 年，程序员编程时不会太在意 2100 年将要发生的事情。不过，若各位编写的程序有必要准确识别"闰年"，那么一定要在算法上体现"2100 年不是闰年"这个条件。否则有可能因"2100 年闰年"问题，又会经历与 Y2K 问题相同的麻烦。

康威教授的末日算法运行原理非常简单。为了判断不同日期的星期，算法中首先设立一个必要的"基准"。然后，根据星期以 7 为循环的原则和对闰年的考虑，计算日期对应的星期。其中，充当"基准"的日期就是"末日"。

平年时，将 2 月 28 日设置为"末日"；到了闰年，将 2 月 29 日设为"末日"。只要知道了特殊年份（例如 1900 年）"末日"的星期，那么根据康威算法即可判断其他日期的星期。例如，2003 年的"末日"（即 2 月 28 日）是星期五，那么当年圣诞节是星期几呢？

已经被你的数学魅力所吸引的异性提出这个问题时，如果看着天空满头大汗默算圣诞节的星期，那么提问者肯定二话不说就离开。不过，有个"帮手"可以帮助您快速完成末日算法，以防这种事情发生。

星期以 7 为循环（mod7），所以与"末日"以 7 的倍数为间隔的日期和"末日"具有相同星期。利用这个原理，先记住每个月中总是与"末日"星期相同的一个日期，即可快速算出末日算法。

| | | | | |
|---|---|---|---|---|
| 4 月 4 日 | 6 月 6 日 | 8 月 8 日 | 10 月 10 日 | 12 月 12 日 |
| 9 月 5 日 | 5 月 9 日 | 7 月 11 日 | 11 月 7 日 | 3 月 7 日 |

这几个日期与"末日"星期相同，因为这些日期与"末日"的日数差都是 7 的整数倍。感兴趣的读者可以通过日历计算。知道上述日期的星期后，就能非常容易地算出 2003 年圣诞节的星期。2003 年的"末日"是星期五，所以 12 月 12 日也是星期五。12 + 7 × 2 = 26 日，因为是加上了 7 倍数的天数，所以这一天也应该是星期五。那么，我们就能知道 25 日应该是星期四。

那么我生日 7 月 2 日到底是星期几呢？7 月 11 日与"末日"的星期相同，都是星期五。再减去 7 后，7 月 4 日也应该是星期五，所以 7 月 2 日是星期三。

有些读者可能比较好奇，如果跨年该怎么计算？这种情况下，需要记住"末日"的星期每跨 1 年都会加 1，若遇到闰年就会加 2。例如，1900 年的"末日"是星期三，那么 1901 年的"末日"是星期四，1902 年的"末日"是星期五，1903 年的"末日"是星期六，而 1904 年的末日是"星期一"。（这一年是闰年，所以跨过星期日。）

精确计算能力不够的人可能开始觉得有点乱了，为此，康威教授提供了如下形式的列表。

```
6, 11.5, 17, 23, 28, 34, 39.5, 45, 51, 56, 62, 67.5, 73, 79,
84, 90, 95.5
```

根据列表，假如 1900 年的"末日"是星期三，那么 1906 年、1917 年、1923 年等的"末日"都与 1900 年的"末日"具有相同星期。11.5 表示 1911 年"末日"的星期比 1900 年"末日"小 1，是星期二；而 1912 年"末日"的星期比 1900 年"末日"大 1，是星期四。只要记住这个列表，就能生成所有 20 世纪年份的"末日基准"。因此，不需要复杂计算即可查出各年份的"末日"。（很多人会想，与其记住这么复杂的东西，还不如不当"花花公子"。）

此列表为 1900 年开始的整个 20 世纪的年份提供了"基准"，所以只要记住这个列表就能对任何人说："请告诉我您的生日，让我猜猜是星期几。"比如，一个美丽的姑娘说"我的生日是 1992 年 9 月 13日"时，你可以马上说出当天的星期。

既然康威的列表里有 90 这个数值，就表示 1990 年的"末日"是星期三。不过，如果由此就判断 1992 年"末日"是星期五，您可能会在姑娘面前出丑。要记住，1992 年是闰年，所以星期要加 2 而不是加 1。加 2 后，1992 年"末日"为星期六，接下来再想出 9 月份"末日"是哪一天即可。根据前面的列表，9 月 5 日与"末日"都是星期六。5 + 7 = 12，所以 12 日也是星期六。最终得出，1992 年 9 月 13 日是星期日。

不过，年份跨越世纪时，康威列表就会失去作用。第三题中询问的是 2199 年 7 月 2 日的星期，如果不能得知 2199 年"末日"是星期几，那么此题很难求解。对于不同世纪的年份，没有什么特别的方法能够猜出"末日"的星期。只能将被 100 整除的年份表示为日历形式时，得到一些规律而已。

| 日 | 一 | 二 | 三 | 四 | 五 | 六 |
|------|------|------|------|------|------|------|
| 1599 |      | 1600 | 1601 | 1602 |      |      |
| 1700 | 1701 | 1702 | 1703 |      | 1704 | 1705 |
|      | 1796 | 1797 | 1798 | 1799 | 1800 | 1801 |
| 1897 | 1898 | 1899 | 1900 | 1901 | 1902 | 1903 |
| 1999 |      |      | 2000 | 2001 | 2002 | 2003 |
| 2100 | 2101 | 2102 | 2103 |      | 2104 | 2105 |
|      | 2196 | 2197 | 2198 | 2199 | 2200 | 2201 |
| 2297 | 2298 | 2299 | 2300 | 2301 | 2302 | 2303 |
| 2399 |      | 2400 | 2401 | 2402 | 2403 |      |
| 2500 | 2501 | 2502 | 2503 |      | 2504 | 2505 |

表格中空缺了一些年份，请各位思考原因。第三题看似简单，但其实不仅需要了解末日算法，还需要深入了解上述模式。上面的日历中，2199 年的"末日"是星期四，所以 7 月 11 日也是星期四。11 − 7 = 4，所以 4 日也是星期四。最终得出，2199 年 7 月 2 日是星期二。

题目虽短，但答案最长，而且求解最难。如果各位认为这种猜星期的问题与计算机编程中的算法没有什么关联，那么请三思而后言。

简单学完计算机编程语言语法后，设计按照语法机械运作的算法并不能称得上是真正的编程。

编程将生活中的具体事物连接到网络世界，像一条魔法通道。而这种魔法的秘密并不在于程序语言死板的语法，而在于深入理解"逻辑"和"生活"的本质。可以说，编程并不等于只坐在计算机前敲打键盘。

无论看日历、看公交车时刻表、在银行办理业务、制定旅行攻略、与朋友嬉闹喝酒、读小说、关注混乱不堪的政治局势，抑或谈恋爱，我们的脑海里（或心里）总是反复编写着算法，之后又抹去。即使在睡觉，也会在梦里继续编程。（曾经有人在梦里找到过困扰了好几天的程序 Bug。我在韩国时听一位学长讲，每当他遇到难题时，梦里总会出现一位"山神"给他一些重要提示。这并不是玩笑。）

最后为大家留道作业题。以末日算法为基础编写程序，输入以"年月日"形式组成的日期时，能够输出对应的星期。只有亲自动手编程，才能感受康威教授末日算法的精妙之处。

# 第 2 章

# 摇滚乐伴随正午活力

很多人说，摇滚乐的精神是"反叛"。虽然我很早就听过这句话，但至今未能理解其含义。对我来说，摇滚并不是"反叛"，而是一个抒情的灵魂在呐喊。中午时分我偶尔会登录 Bugs 音乐网站，听到"齐柏林飞船"乐队的音乐时，虽然感觉有点刺耳，但心情很平静。本章介绍的内容包括排序、搜索、散列、动态规划、Soundex 算法、梅森素数以及文学编程，可以称为算法中的"摇滚乐"。

📖

## 2.1

# 排序算法

一听到"算法"这个词，大多数程序员的脑海里首先浮现的就是能够将输入的数据按照顺序排列的排序算法。刚刚入门计算机编程的人员，最初接触的最基本的知识也是排序算法。排序算法就像是围棋中的标准棋法。编程实操中，库或 API 已经自带多种标准排序法，所以用户基本不用自己动手编写排序算法。不过，排序算法包含了编程过程中经常遇到的算法问题，而这些问题中融入了算法"精髓"。

《计算机程序设计艺术》一书汇集了众多算法，其作者高德纳在三十多年前针对排序算法如是说：

> "尽管排序在传统上主要用于商务数据处理，但它实际上是一种基本工具，每个程序员都应当牢记在心。"
>
> ——《计算机程序设计艺术 卷 3：排序与查找（第 2 版）》

之后，高德纳教授又指出，尽管英语词典中把 sorting 一词定义为按照类别对事物进行分类、整理的过程，但计算机程序员在使用这个词时通常会采用一种更特定的含义：按照升序或降序对事物进行排列。这一过程可能应当称为 ordering，而不是 sorting；但由于 ordering 一词附加了太多的不同含义，所以一旦使用这个词，马上就会导致混淆。比如下面这个句子：

"Since only two of our tape drivers were in working order. I was ordered to order more tape units in short order, in order to order the data several orders of magnitude faster."

"由于我们的磁带机中仅有两台处于工作状态（in working order），所以我受命（was ordered）在短期内（in short order）订购（to order）更多磁带机，以使（in order to）数据排序（to order the data）速度提高几个数量级（orders）。"

这段话有点像拓扑考试题。请在上述英语原文中，找出以"排序算法"中的"排序"意义使用的 order。

排序算法虽然是基础理论，但包含了非常丰富的内容。从某种意义上可以说，程序设计中的所有算法归根结底都是排序算法。排序算法不仅包含分治法或递归算法等核心方法论，还包含算法优化、内存使用分析等具体事项。因此，排序算法虽然基础，但绝不"简单"。（人们通常误以为"最基础的"就"最容易"，其实不然。）

无论是在学校正规学习过编程的人，还是业余自学的人，都应该非常熟悉快速排序、冒泡排序、选择排序、插入排序、归并排序、基数排序等排序算法。但听到"请编写一个冒泡排序法"的要求时，很少有人能够自信满满地拉过键盘开始操作。

当然，并不是必须透彻理解排序算法才能算是真正有实力的程序员，重要的是，要理解算法的内部机制和运行原理，并吸收为自己的知识。只从"形式"上记住算法代码，对程序员本身并没有什么意义。

几种排序算法中，最广为人知的就是快速排序。快速排序法是牛津大学名誉教授托尼·霍尔在 20 世纪 60 年代，以递归为基础开发而成的，非常简单、漂亮。之后由罗伯特·弗洛伊德教授对此进行优化。虽然罗伯特·弗洛伊德教授没有获得过博士学位，但其拥有深厚的计算机编程实力，甚至受邀到斯坦福大学讲授计算机课程。罗伯特·弗洛伊德教授对快速排序法的优化功不可没。

下面简单介绍快速排序算法。下列代码并未使用真正的编程语言编写，而是采用伪代码形式，帮助各位把握整体概念。

```
quicksort (list)
{
    if (length(list) < 2)
    {
        return list
    }

    x = pickPivot (list)
    list1 = { y in list where y < x }
```

```
list2 = {x}
list3 = { y in list where y > x}
quicksort (list1)
quicksort (list3)
return concatenate (list1, list2, list3)
}
```

快速排序算法的框架如下所示。

❶ 从列表中"认真"挑选数 $x$；

❷ [ 分割 ] 小于 $x$ 的数值属于"左侧列表"，大于 $x$ 的数值属于
　"右侧列表"；

❸ 对"左侧列表"进行（递归形式）快速排序；

❹ 对"右侧列表"进行（递归形式）快速排序；

❺ [ 归并 ] 将完成排序的"左侧列表"、$x$、"右侧列表"归并。


此算法执行过程中，最重要的是为了均衡分割左右两侧列表，需
要选择适当的 $x$。如果选择列表中的最小数值，那么"左侧列表"的
大小是 0，而"右侧列表"将等于除去 $x$ 之后（所以与原列表基本相
同）的原列表。这种情况下，因只能对右侧列表反复执行同一操作，
所以算法效率会非常低下。换言之，$x$ 取最大值或最小值的情况是
最坏条件。

根据 $x$ 的不同选法，算法性能会产生不同变化。因此，快速排序

法存在很多种变形，而这种"变形"并不只存在于快速排序法。所有排序算法各自的最优和最坏条件都不相同，所以根据不同环境，各排序算法都具有各自的变形模式。正因如此，学习排序算法时，要掌握经过这种变形产生的多种算法模式。

在漫画这种简洁而内容压缩性较强的图画中，添加一个点或线都会让整个画面产生变化。我的右脸上有颗黑痣，因为它，谈到对我的印象时，很多人都说我看起来像个"长工"。虽然比较冤，但还是不得不面对现实。

排序算法争分夺"毫秒"，即使多添加一条简单的语句，也会对整个算法的性能产生影响。而且，即使微调逻辑流程方式，也会带来意

想不到的结果。这种变化本身可能微不足道，但在整个算法流程中累积到一定程度后，就会大大改变结果。

专业的围棋手通常会告诉别人，背完基本棋路后再忘光。这句话其实是说吸收其中内涵后，舍弃没用的外壳。学习排序算法也是如此。不要死记硬背某种算法的代码，而要"理解"实现算法的核心方法。而"理解"之后就要开始"怀疑"，这种方法真的最优吗？如果这部分换成另一种形式，是不是更能提高效率？这种怀疑和试验的态度才是程序员应具备的最为宝贵的品行。

让我们怀着这种"品行"，先求解简单的问题。

给出存有整数的数组 array，编写函数实现如下功能：若 array 中的元素已经排序，则返回 1，否则返回 0。函数特征如下所示。（限时 5 分钟，满分 10 分。）

```
/*
 * length 表示 array 的长度。
 */
int isSorted (int* array, int length)
```

（使函数接收表示数组长度的 length 是因为，编写算法时需要知道数组长度。如果不向函数传递 length，那么需要自己计算。希望各位想想 C 语言中求给定数组长度的算法，若能想到可以附加 3 分。）

既然是简单的题目，下面就公布答案。

```
int isSorted (int* array, int length)
{
    int index;
    for (index = 0; index < length-1; index++)
    {
        if (array[index] > array[index+1])
        {
            return 0;
        }
    }
    return 1;
}
```

（附加分：为了求出数组长度，可以利用 C 语言中的 sizeof 函数。sizeof(array) 能够返回 array 所占内存空间的字节数，而 sizeof(array[0]) 会返回 array 的第一个元素所占内存空间的字节数。因此，sizeof(array) 除以 sizeof(array[0]) 即可得出元素个数。当然还有很多其他方法，请自行思考。）

这个函数不难，但此算法是最优的吗？不能省略任何一步运算吗？这个问题留给大家。

# 2.2

# 搜索算法与优化问题

有趣的是，排序和搜索常常伴随出现。虽然并不总是如此，但高效搜索往往需要排序支持，而高效排序也需要搜索支持。为了使程序员轻松理解排序和搜索的关系，高德纳教授举例如下。

假设有如下两个集合。

```
A = {,, ...,}
B = {,, ...,}
```

设计算法判断集合 A 是否为集合 B 的子集（即 A⊆B）。请各位先自行思考。这种情况下想到的第一个算法代表着个人的编程实力，所以请不要急于想出结果，多花点时间慎重思考。

"算法"水平较低的人，首先想到的会是"暴力解决"法。这种方法十分野蛮，在实际编程中也能经常遇到。若将"暴力"算法应用于该问题，则会有如下过程。

{算法 1}

从集合 A 中逐个取出元素，与集合 B 中的所有元素进行比较，并确认集合 B 中是否有相同元素。

将此算法编写为程序，得到如下形式的代码。（此代码遵循 C 语言语法，但要想编译成功，需要稍加修改。）

```
int i;
int j;
```

```
// 请留意，下面两行代码并不是严格的 C 语言标准代码。这样写的目的只是为了便
//   于说明。代码中的 "..." 这种省略并不是正常的 C 语言语法。
int a[m] = {,, ...,};
int b[n] = {,, ...,};
```

```
// 为了从集合 A 中逐个取出元素而执行的循环
for (i = 0; i < m; i++)
{
    // 为了从集合 B 中逐个取出元素而执行的循环
    for (j = 0; j < n; j++)
    {
        if (a[i] == b[j])
        {
            // 在集合 B 中发现与集合 A 元素相同的元素，所以为了检查集合 A
            //   中的下一个元素，终止对集合 B 的循环。
```

```
            break;
        }

        if (j == (n - 1))
        {
            // 索引 j 未在上面被 break，而到达了 n-1。这表明集合 B 中不存
            //   在与集合 A 的元素 a[i] 相同的元素，所以返回 false 表示集合
            //   A 不是集合 B 的子集，并终止算法。
            return false;
        }
    }
}
// 没有返回 false 而到达此处，表明集合 B 中发现了集合 A 中的所有元素，所以
//   返回 true 表示集合 A 是集合 B 的子集。
return true;
```

参加公司项目时，很多程序员会编写上述形式的算法。虽然这种算法在功能上没有什么瑕疵，但当 $m$ 和 $n$ 的值变得非常大时，其性能堪忧。

对于这种 for 循环嵌套另一个 for 循环的算法，执行速度会与两个循环的最大循环次数之积成反比。因此，此算法的整体执行速度会是 $C_1 \times m \times n$。其中，$C_1$ 是考虑到循环内部消耗时间而设定的常数。此处提到的"速度"指的是，以公式表示的算法内部语句被执行的大致次数。语句执行次数越多，算法执行速度越慢。

下面第二个算法效率更高。若集合 A 和集合 B 已按照相同顺序

（例如数值逐渐变大的升序顺序）排序，那么判断 A 是否为 B 子集的过程会变得非常简单。因为排序和搜索相遇会产生相互"协同"的效应。

{算法 2}

首先对集合 A 和集合 B 排序，然后边查看 A 和 B，边检查必要条件。假设，集合 A 中的元素 a 对应于集合 B 中的元素 b。那么，在集合 B 中查找集合 A 中的下一个元素 c 时，就不用从头开始查找，而只需从 b 后面的元素开始即可。（因此，对于已排序的集合 A 和集合 B，只需要读入 1 次。）

猛然一看，虽然集合 A 和集合 B 已经排序了，但为了判断 A 是否为 B 的子集，仍然需要经过与"算法 1"相同的运算过程。因为即使已排序，仍然需要将 A 中的元素逐个取出，以确认 B 中是否存在该元素。不过，两个算法之间存在巨大差异。仅仅听到这些说明就能直观理解其差异的人，真可谓编程"内力"深厚。

有很多方法可以程序形式实现"算法 2"，所以下面以流程形式代替代码，说明算法的运行原理（这种形式更好理解）。假设集合 A 有 3 个元素 [2, 4, 8]，而集合 B 有 9 个元素 [0, 1, 2, 3, 4, 5, 7, 8, 10]。如果两个集合已经排序，那么"算法 2"会按照如下形式执行运算（箭头表示"当时"算法读入的数值）。

[步骤 1] 读入集合 A 的第一个元素。

2    4    8
↑

0   1   2   3   4   5   7   8   10

[步骤 2] 读入集合 B 中的元素并比较。

① 比较 2 和 0。

2    4    8
↑

0   1   2   3   4   5   7   8   10
↑

② 比较 2 和 1。

2    4    8
↑

0   1   2   3   4   5   7   8   10
   ↑

③ 比较 2 和 2。

2    4    8
↑

0   1   2   3   4   5   7   8   10
      ↑

[步骤 3] 读入集合 A 的第二个元素。

2    4    8
    ↑

0   1   2   3   4   5   7   8   10

    事实上，到目前为止，"算法 1"和"算法 2"的步骤完全相同，二者将从下一刻开始表现出根本性的差异。（可以根据"能否'直观'理解两种算法从这一刻开始的不同"来评价一个程序员的"内力"。）

为了确认从集合 A 中读入的第二个元素 4 是否存在于集合 B，需要依次读入集合 B 中的元素。那么，应当从哪一个数值开始读入呢？"算法 1"执行过程中会从集合 B 的第一个元素 0 开始读入，因为此时算法无法确定集合 B 是否已经排序。而"算法 2"又是另一种情况。

"算法 2"中，集合 B 已经排序，所以读入数值时从已被确认的元素 2 的下一个位置开始。因为其前面的元素 0、1、2 不可能与刚刚被读入的集合 A 中第二个元素 4 相同。此方法看似简单，但对两种算法的性能有着至关重要的影响。继续上述操作。

[步骤 4] 读入集合 A 的第二个元素。

① 比较 4 和 3。

  2    4    8
        ↑

  0   1   2   3   4   5   7   8   10
                  ↑

（不是从第一个元素开始读入，而是从这个位置的元素开始！）

② 比较 4 和 4。（立刻）找到了！

  2    4    8
        ↑

  0   1   2   3   4   5   7   8   10
                      ↑

这就是利用排序大大提高算法性能的典型示例。高德纳教授将执行这种算法的一般速度称为 $C_2(m\log m + n\log n)$。$m\log m$ 和 $n\log n$ 分别表示排序集合 A 和集合 B 所用的速度，而常数 $C_2$ 表示通过上述步骤进行比较时耗费的时间。

　　这种公式并不是经过严密的数学原理推导而成的结果，而是学习计算机科学的人们通过事先约定的规则推导得出的。学过正规算法课程的人也许能够明白这种表达方式，但没有学过的人就很难理解为什么以这种公式表达一般速度。如果不懂如下"约定过程"，当然很难理解这种省略的公式模式。

　　"你看，我最近熬夜监测了自己编写的算法的执行速度，结果能以公式 $C_1 m \log m + C_2 n \log n + C_3 m + C_4 n + C_5$ 表示。众所周知，$C_1 m \log m$ 表示的是排序集合 A 耗费的时间，而 $C_2 n \log n$ 是排序集合 B 耗费的时间。$C_3 m$ 是比较集合 A 和集合 B 中元素时，读入集合 A 元素耗费的时间，而 $C_4 n$ 是读入集合 B 元素耗费的时间。可以看出，这些都是随着 $m$ 和 $n$ 的增大而成比增大的项。最后的 $C_5$ 是其他操作耗费的时间。怎么样？看起来是不是很简洁？"

　　"喂！你是不是在开玩笑啊？这还叫简洁？简直复杂得没法看。随着 $m$ 和 $n$ 的增大，哪几项增大最快？"

　　"那当然是 $C_1 m \log m$ 和 $C_2 n \log n$ 啊！为什么问这个？"

　　"那这么办。与 $C_1 m \log m$ 和 $C_2 n \log n$ 相比，其他项都可以忽略不计，所以只记录最人的这两项。另外，取 $C_1$ 和 $C_2$ 中较大的值并设为 $C$。这样就可以将公式简化为 $C m \log m + C n \log n$，或者可以记为 $C(m \log m + n \log n)$。这就是小学课本里最基础的合并同类项。"

　　"太感谢了！你居然能把我的公式简化成这样，应该喝一杯庆祝一下。最近新开了一家店，酒特别好！"

搜索算法会不断提问，对数据结构中保存的数值以最快、最高效的方法找出特定值。因此，它是开展"算法"训练的好素材。下一题需要用到某种搜索算法，希望各位读完题后认真思考，究竟应当使用何种算法。

有一天，梅菲斯特·费勒斯问浮士德："韩国 63 大厦的水族馆中有没有鲨鱼？"浮士德答道："去看看不就知道了。"

浮士德到达 63 大厦后，看到旁边流淌着的汉江，突然产生了自杀的冲动。于是问："梅菲斯特，如果我从大厦上跳下来，会不会死呢？"梅菲斯特回答道："这个嘛，从高于某一层的地方跳下来才会死，若是低于这一层就不会。"

"这个大厦总共几层？"浮士德问。"加上顶楼共 64 层。"

"我能猜出那个特定层数吗？"浮士德说到。"哈哈！这个问题有意思。这样吧，若您跳下去死了，我会立刻让您复活。但我只给您 5 次机会，请在这 5 次内找出分割生死的那个特定层。如果能找出，我就把整个世界送给您；但若找不出，就必须将您的灵魂交给我。怎么样？想试一试吗？"

"你的意思是说，最多能跳下去 5 次？好，那我试试吧。"

若想用"暴力法"解决此题，那么可以从一楼开始一直往上，一层一层往下跳。不过，若这个特定层是第 64 层，那么除了第 64 层外，从其他任何一层往下跳都不会死。因此，"暴力法"需要尝试的层数多达 63 层。反过来，从顶楼开始一层一层往下跳也存在同样问题。因为根本不知道特定层在什么位置，所以用"暴力法"无法在 5 次机会内找出该特定层。

对算法有感悟的人，看到数值 64 和 5 的瞬间，肯定会想到"二分法检索"。利用二分法检索，浮士德就能在规定次数内找到特定层。检索过程中，为了检索（二叉树内）按顺序保存的数据，首先选择中间位置（或二叉树根节点）的一个值。若查找的数值比选择的数值大，就移向右侧（值更大的一侧）；若查找的数值比选择的数值小，则移向左侧（值更小的一侧）。这是一个比较有名的算法，大多数人应该都有所了解。

为了得到答案，首先假定"任一"层就是特定层。假设特定层是第 17 层，那么从 17 层以上的层向下跳才会死，而从 16 层及以下的楼层向下跳不会死。64 层中，相当于根节点的中间楼层是 64 除以 2 的第 32 层。下面是算法的整个执行过程。

❶ 从 32 层跳当然会死（不过，梅菲斯特会让浮士德复活），所以特定层在 32 层以下。32 除以 2 等于 16。

❷ 从 16 层跳不会死（特定层是 17 层），所以特定层在 16 层以上。32 和 16 的中间值是 24。

❸ 从 24 层跳当然会死（梅菲斯特又会让浮士德复活），所以特定层在 24 层以下。24 和 16 的中间值是 20。

❹ 从 20 层跳又死 1 次（梅菲斯特还会让浮士德复活），所以特定层在 20 层以下。20 和 16 的中间值是 18。

❺ （想要得到整个世界，这次一定要找到答案。）从 18 层跳还是死了，所以特定层在 18 层以下。

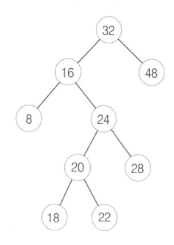

▲ 表示浮士德跳 63 大厦全过程的二叉树

低于 18 层（第 5 个结果）而高于 16 层（第 2 个结果）的只有第 17 层，所以得到最终答案，即特定层就是第 17 层。这样，经过 5 次跳楼最终找出了答案。如果特定层是 2 的倍数，那么能更快求解。

排序算法中最简单的是快速排序法，搜索算法中最简单的就是"二叉树搜索"。利用树的搜索算法时，不仅可以利用二叉树，还可以利用 B 树、B–树、B+ 树或散列。不仅如此，从字符串中搜索特定字符串模式的"字符串匹配"算法也包含 KMP 算法、BM 算法、Rabin-Karp 算法等诸多内容。从广义上讲，查找图片中的路径问题也属于"搜索"范畴。（与这些搜索算法相关，雅虎或谷歌的互联网搜索引擎中实现的算法也非常有意思。虽然本书未涉及这些内容，但我今后一定要尝试这部分。希望各位也能够找机会学习相关知识。）

各种搜索算法的学习核心可以归纳为"效率"（efficiency）。如果说"可读性"（readability）是算法的形式，那么"效率"就是算法的内容。只有经历了程序员不断怀疑和试错的"优化"过程，效率性才会达到最优状态。但是，这些优化问题中派生出一个很深奥的主题——动态规划法。

## 2.3

# 动态规划法

▲ 比萨的列奥纳多（www-gap.dcs.st-and.ac.uk）

比萨的列奥纳多1170年出生于意大利，这位数学家的外号"斐波那契"更著名。他发明了能够求出斐波那契数列的算法，十分有趣，在"汉诺塔"问题和各种算法书中十分常见。斐波那契数列形态绚丽，可以用如下的简短数学公式表示。

$F(n) = 1 \quad (n \leq 2 \text{ 时})$

$F(n) = F(n-1) + F(n-2) \quad (n > 2 \text{ 时})$

用程序表示公式如下所示。

```
int Fibonacci (int n)
{
    if (n <= 2)
    {
        return 1;
    }
    else
    {
        return Fibonacci (n-1) + Fibonacci (n-2);
    }
}
```

这个算法十分出名，此处不再赘述。其简洁的逻辑无可挑剔，但在性能方面也是最优吗？

假设传递给函数的参数 $n$ 的值为 6，那么 $n$ 大于 2，所以应当执行 else 语句中的代码。

[步骤 1] 返回 Fibonacci(5) + Fibonacci(4);

首先执行 Fibonacci(5)，那么函数内部也会先执行如下 else 语句。
（传递给函数的参数 $n$ 的值是 5，所以 $n-1=4$，而 $n-2=3$）。

[步骤 2] 返回 Fibonacci(4) + Fibonacci(3);

[步骤 1] 中调用的 Fibonacci(4) 也会执行如下 else 语句。（传递给函数的数值是 4，所以 $n-1=3$，而 $n-2=2$）。

[步骤 3] 返回 Fibonacci(3) + Fibonacci(2);

与整体算法相比，虽然这只是部分计算，但已经足够展现算法魅力。仔细查看这 3 个步骤可以发现，有些部分是"重复"内容。例如，Fibonacci(4) 只在 [ 步骤 1] 中被调用，而属于 Fibonacci(5) 的 [ 步骤 2] 中也出现了同样的身影。Fibonacci(3) 只在 [ 步骤 2] 中被调用，而属于 Fibonacci(4) 的 [ 步骤 3] 中也调用了 Fibonacci(3)。

当 n 值变得很大时，这种重复调用会多次出现。随着递归调用次数的增多，会以指数形式增长。"迦南生长子西顿；又生赫和耶布斯人、亚摩利人、革迦撒人、希未人、亚基人、西尼人、亚瓦底人、洗玛利人，并哈马人……亚法撒生茜拉，茜拉又生希伯。希伯又生两子……"就像《创世纪》这段内容所述，上述解释相当于 Fibonacci(6) 生了 Fibonacci(5) 和 Fibonacci(4)，之后 Fibonacci(5) 又生了 Fibonacci(4) 和 Fibonacci(3)……

因此，实现斐波那契算法时，直接采用 for 或者 while 循环会比递归算法更高效。有时，"性能"和"美学"不能兼顾，究竟要选择哪一方，取决于程序员自己的"理念"。下列代码使用 for 循环求出斐波那契数值。

```
int Fibonacci (int n)
{
```

```
int index;
int last1;   /* 向 Fibonacci(n-1) 保存相应数值 */
int last2;   /* 向 Fibonacci(n-2) 保存相应数值 */
int result;  /* 向 Fibonacci(n-1)+Fibonacci(n-2) 保存相应数值 */

if (n <= 2)
{
    /* n 的值等于 1 或 2,则返回 1 后终止算法。*/
    return 1;
}

last1 = 1;
last2 = 1;
for (index = 2; index < n; index++)
{
    result = last1 + last2;
    last2  = last1;
    last1  = result;
}
return result;
}
```

　　虽然代码稍显复杂，但不会发生前面提到过的那种重复计算。如果 *n* 足够大，那么此算法会在性能方面大大超出以递归方式实现的算法。然而，在算法的"简洁"方面，很多时候必须要用"递归"方法。这种时候若能避免"重复"计算，那么还是应该使用递归的方式。

　　为了达到这种目的，需要使用高难度的"动态规划法"。动态规划法（简言之）是为了提高算法效率，在算法执行过程中会将计算过的结果保存到类似于列表的存储单元，需要时再取出。例如，步骤 1 中 Fibonacci(4) 的计算结果为 3，那么将其保存到列表后，步骤 2 中需要再次计算 Fibonacci(4) 时，不需要再调用 Fibonacci(4)，直接读入结果值即可。

整个过程看似非常简单，但要想在实操中实现动态规划法，需要高度集中和无比坚韧。若不是"武功"高强的程序员，则很难实现此算法。如果没有深厚的"内力"支撑，初学者很有可能"走火入魔"，所以一定要注意，不可轻慢。不过，动态规划法提供的一些构思还是值得推荐的，大家可以根据自己的能力应用于编程实战。

应用动态规划法的例题非常多，比如（数学中的）矩阵相乘计算、二叉树、搜索最短路径等问题的优化，以及很多"理论"算法的性能改善等，都会用到动态规划法。要想真正理解动态规划法，需要先理解很多"天书一样"的"公式"。而本书并不想过多介绍这种复杂"理论"，只想让各位了解动态规划法这种编程方法存在的理由。

# 散列算法

判断集合 A 是否是集合 B 的子集的问题，除了可以用"强制"算法和"排序"算法解决之外，还可以利用散列函数。（当然还有其他可利用的算法，但本书只介绍到此。）如下所示，利用散列的算法形态简单。

**{算法 3}**

首先将集合 B 中的所有元素保存到一个列表，然后从集合 A 逐个取出元素，并判断列表中有无与之相同的元素。

词典中的"散列"（Hash）具有多种语义，首先表示"剁碎的肉食"，还可解释为"弄乱"或"一团糟"，而计算机术语还能解释为"零碎品"或"垃圾"。可以肯定的是，"散列算法"中的"散列"至少不会代表"零碎品""垃圾"。"散列"应该表示将给定材料（即输入的数据）仔细"剁碎"后，使其方便"食用"（即变为散列值）的过程。

散列算法的核心是散列函数，此函数主要负责将给定材料仔细

"剁碎"，然后制成最终的食物。向散列函数输入一个数据，它会返回与之对应的散列值。而此散列值在存有数据的散列表中，将被用作键值。散列表的特点是，只要给定键值，那么搜索已保存的数据时，只需耗费常数（很短）的搜索时间。即使表中数据量在增加，搜索耗费的时间也（几乎）不会有太大变化。

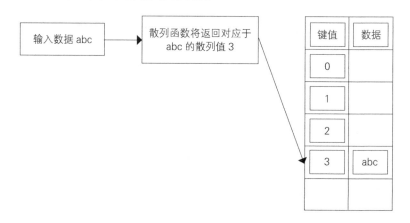

▲数据 abc 输入散列表

将 abc 输入散列表后，散列函数会计算一个键值并返回。接下来的运算过程中，想要从散列表取出 abc 时，只要传递键值即可快速返回已经保存的数据。"算法 3"正是利用了散列算法的这种特点，先将集合 B 中的所有元素保存到散列表，然后从集合 A 逐个取出元素，利用相同的散列函数求出散列键值，并判断相应键值的数据是否存在于散列表。若集合 A 的所有元素都能够在散列表（保存集合 B 的元素）中找到，那么集合 A 是集合 B 的子集，否则就不是其子集。

利用这种方法时，将集合 B 中的所有元素存入散列表会耗时 $C_3n$

（只需对集合 B 中的元素遍历 1 次），而从集合 A 逐个取出元素并确认时，会耗费 $C_4 m$ 的时间。因此，"算法 3"耗费的全部运算时间是 $C_3 n + C_4 m$。从时间上看，"算法 3"的运算速度比"算法 2"还要快。[①]

第一次接触散列算法的人会大感惊奇。无论数据变得多大，搜索数据的速度总是一致（整体速度也非常快）。那么，还有什么算法能够超越此算法呢？产生这种想法也是很正常的事情。不过，世上没有免费的午餐，散列算法也不例外。

散列算法虽然比其他算法速度快，但会占用散列表大小的内存空间，这就是其"空间"上的缺点。对于编程人员而言，这应该是常识。要想提升某个算法的"速度"，就要牺牲其运算"空间"；而想要节省"空间"，则要牺牲"速度"。与前面两个算法的速度相比，$C_3 n + C_4 m$ 这样的速度可以说非常快、非常高效。不过，相比于速度上的优势，与 $n$ 的大小成正比的散列表将会带来"空间"上的巨大牺牲。

下面比较三种算法的速度。

- 算法 1：$C_1 \times m \times n$
- 算法 2：$C_2(m \log m + n \log n)$
- 算法 3：$C_3 n + C_4 m$

---

① 在散列算法中，根据编写的散列函数的精妙程度不同，发生"冲突"（不同数据会返回相同散列值，导致不同数据都想保存到同一容器）的概率会有很大不同。根据对发生冲突或散列表爆满等事件的处理方式，散列算法的效率和性能会略有变化。

$m$ 和 $n$ 的数值比较小时，"算法 1"的效率会非常高。但数值一旦开始变大，其效率也会急剧下降。相反，"算法 3"的速度不会受到 $m$ 和 $n$ 的影响，而且相对较快。不过，"算法 3"相对会占用比较大的内存空间。考虑到速度和空间的平衡，最恰到好处的算法是结合了"排序"和"搜索"的"算法 2"。

对算法的速度分析归根结底还是理论而抽象的。对于那些为了提高自己的编程实力而努力奋斗的程序员而言，即使不动用这些复杂的"公式"，也要重视自己编写的程序，对其进行"速度分析"。我建议各位随身携带一个笔记本，简单记录平时的想法或代码设计思路，有时间时，对自己编写的程序进行性能分析。这种做法才是程序员应具备的好习惯。

看到给出的要求后，有些人马上握紧键盘，而有些人则先考虑代码性能或扩展性等各个方面，然后才开始慢慢设计算法。随着时间的推移，二者的实力差距只会越来越大。一开始就敲打键盘的人只能算是在"编码"（与一线程序员经常说起的"苦工"具有相同意义），而沉着细致开始接手的人做的才是"编程"。到底要"编码"还是"编程"，由你自己说了算。

📖

---
**2.5**
---

# Soundex算法

我在美国生活时，经常会因"英语"而发生一些"笑话"，下面为大家讲讲其中一个。

2013 年，我有事要去英国出差。飞机计划上午 9 点从纽约肯尼迪国际机场起飞。考虑到上班高峰，我预约了凌晨 5 点 30 分的"豪华专车"（虽然不是加长豪华车，但比一般出租车要高档一些）服务。身穿西装的司机准时按响了我家门铃，等我出来后，司机接过我的旅行箱便问："您要乘坐哪个航空公司的飞机?"

每家航空公司的登机口都不同，所以司机提前向我打听了航空公司的名称。我平时会乘坐英国"维珍航空"的飞机，而这次预定的是"美国联合航空"。听到司机的提问，还未完全睡醒的我随口就说：

"United States"

司机与我都沉默了许久，一直这样到了机场。有趣的是，司机把我说错的 United States 正确理解为 United Airlines。我在公司里与其他程序员进行热烈探讨时，不由自主地会蹦出几句韩语："这个？""对对""不是"或者"加一！"等。神奇之处在于，即使我不用英语再次重复这些词汇，其他程序员好像也都听懂了。

我的美国生活有时也会因名字而闹出笑话。很少有美国人能够正确读出我的名字 Baekjun（栢濬），所以我经常被叫成"背坤""佰坤""背晕"等千奇百怪、不明国籍的人。偶尔遇到几个能够正确读出我名字的美国人，我会大加赞扬并表示感谢。为了避免这种尴尬，不少韩国人直接取了美国式的名字，如"布莱恩""麦克""约翰""布鲁斯"等。不过，爱面子的我还是坚持使用本名 Baekjun。

若只有上述尴尬，那么还算比较幸运。而查看家里收到的信件时，真可算大开眼界。我名字的全称是 Baekjun Lim，而收到的信件上标有 Back Lim、Back J.Lim、Bak Lin、Backjun Lim 等。有一天，办公室里收到一本看起来颇有意思的软件杂志，而收件人姓名更有意思。姓名栏里写着 Bing Jin Lin，虽然首字母相同，但怎么看这本杂志也不会送到 Baekjun Lim 手里。由于姓 Lin 的中国人较多，所以我通过公司网站搜索了 Bing Jin Lin。果然，Bing Jin Lin 并不是我，而是另有其人。（此人已经离开公司，我只能签收了这本杂志。虽然之后也一直等待着下一期的到来，但此后再也没有出现过。）

英语字母的读音并不总是相同，所以美国人之间也常常发生不必要的麻烦。例如，通过电话通报姓名时，必须确认每个字母才能避免混淆。下面这段对话是名叫 Victor 的人用电话告诉别人自己准确姓名时的通话内容。

–May I have you name?（请问您怎么称呼？）

–Yes, my name is Victor.（您好，我叫维克托。）

–Could you please spell it?（麻烦您拼读一下好吗？）

–v as in victory, i has in ivory, c as in car, t as in time, o as in onion, r as in red.（维护的维，克服的克，托举的托。）

像 Victor 这样简单的名字都需要这么复杂的传达过程，更何况是复杂的 Baekjun。经历多次这种麻烦后，有人问我的名字时，我就直接告诉对方 "b as in brown, a as in apple, e as in elephant, k（k 几乎不会产生混淆，所以直接说 k 即可），j as in july, u（u 也不会产生混淆），n as in Nancy"。

航空公司等企业接到电话时，会首先确认客户姓名，然后输入计算机系统，并打开与客户有关的信息。有时候，因发音不准确或手写记录的名字有错误时，会搜索到其余的人。即使不发生这种情况，但因为数据库保存大量顾客信息，所以用线性搜索方法逐一确认顾客姓名也会耗费过多时间。

　　为了解决这种问题，玛格丽特·欧德尔和罗伯特·拉塞尔开发了 Soundex 算法。此算法在计算机发明之前开发而成，并获得了美国专利（即它本身并不是计算机算法）。

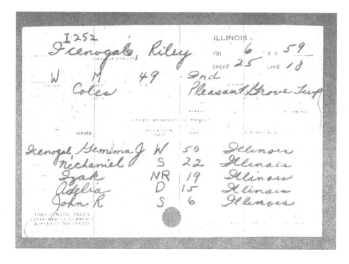

▲美国 1880 年人口调查使用 Soundex 算法（homepages.rootsweb.com）

第二次世界大战时，美国军方曾用 Soundex 算法管理军人的个人记录。不仅如此，1880 年~1930 年，此算法还用于美国人口普查。至今，此算法还广泛应用于软件中的拼写检查程序。例如，美国 Ancestor search 网站（www.searchforances-tors.com）中，搜索祖先姓名的引擎就使用了 Soundex 算法。

虽然我不确定发送广告邮件的公司是否也在使用 Soundex 算法，但理解该算法的原理后，我终于明白邮寄给 Lim 的邮件上面为什么会写上 Lin 的字样。

Soundex 算法的原理非常简单，遵循如下 4 个规则。

[规则 1] 首先保存姓名首字母，然后从剩余字母中删除所有 a、e、h、i、o、u、w、y；

[规则 2] 按照如下规则为剩余字母标上序号；

```
b, f, p, v --- 1
c, g, j, k, q, s, x, z --- 2
d, t --- 3
l --- 4
m, n --- 5
r --- 6
```

[规则 3] 在原姓名中，相邻连续出现的相同字母只保留第一次出现者，其余删除；

[规则 4] 最终结果需要形成"字母，数字，数字，数字"形态，为此，若数字超过 3 个，则只保留前 3 个数字，其余删除；若数字个数少于 3 个，则后面补 0 以保持 3 位数形态。

下面将名字 Gauss 输入 Soundex 算法进行测试。首先保留首字母 G，它会成为结果的第一个也是唯一一个字母。剩下的 auss 中，需要删除 a 和 u，那么只剩 ss。根据规则 3，连续的相同字母只保留第一个，所以只剩字母 s。s 的序号是 2，所以结果是 G2。不过，最终要形成"字母，数字，数字，数字"的形态，所以最后要补上 2 个 0，最终得到 G200。

将 Lim 输入 Soundex 算法，得到 L500，而 Lin 的结果也是 L500。（啊哈！）对于随意抽取地址发送广告邮件的软件，Lim 和 Lin 的代码名称都是 L500。因此，最后输出真实姓名时，很有可能将 Lim 印成 Lin。即使存在这样的缺陷，Soundex 算法并非一无是处。相反，对于前面提到过的因"失误"产生的问题（航空公司问题等），若利用 Soundex 算法就能减少发生问题的范围，并且可以大大提高搜索速度。

Soundex 算法形式的"优化"虽然与计算机编程没有直接关联，但与算法的优化问题在原理上基本相同。我听说，在手机尚未普及、短信也几乎无人问津的年代，有一种"打字"算法巧妙利用韩文的构成原理，可以用功能有限的"键盘"高效完成韩文输入。同样，中文的汉字也无法直接输入，中国程序员对这种输入算法的开发也达到了非常高的程度。

韩文文字处理程序中，有算法可以实现韩文 / 英文模式自动切换。这种算法首先将韩文单词和英文单词按照一定模式规范化，然后根据输入的字符序列切换输入模式。记得我第一次接触这种具有自动切换功能的输入法时，甚至还感叹过其便利。归根结底，实际应用中的这些功能都与算法的"优化"有着密切的关系。

各位在公司实际编程时，有必要从其他角度审视自己编写的算法，并多思考是否可能再提高速度或性能。通过这种审视，大家很有可能想出过去未曾想到过的新技巧或便利的功能。而这种"发现"也有可能演变为具体的"发明"或"专利"，继而给自己的人生和他人的生活带来便利和财富。"发明"并不是"发明家们"躲在黑暗的地下仓库做出来的，而是像我们这样平凡的工程师在具体事务中找出来的"生活中的发现"。

# 2.6

# 修道士梅森

▲中世纪修道士、数学家梅森（www.stanford.edu）

马林·梅森（1588—1648）是法国哲学家、修道士，主修神学和哲学，后在巴黎主讲哲学。他是笛卡儿强有力的后盾，也是其前辈、代言人、老师。他与一生从未停止过深奥哲学思索的费马、伽利略、帕斯卡等人有着深厚的交情，并推动这些人取得了巨大的成就。

梅森不仅在神学批判前勇敢保护笛卡儿和伽利略，而且还带头披露了炼金术和占星术的非科学性。他与当时的数学天才们不断探讨、交流，在此过程中，自己也为数学数论的魅力深深折服。当时的数论领域存在着一个错误假设，而这个假设直到 16 世纪都一直被认为是事实。

根据这个假设，对所有素数 $p$，$2^p-1$ 也是素数。将素数 2 代入，得到 $2^2-1=3$。当然，3 也是素数。同样，将另一个素数 5 代入，则有 $2^5-1=31$，而 31 也是素数。将素数 7 代入，则有 $2^7-1=127$，同样是素数。

从直观角度看，对素数 $p$，总有 $2^p-1$ 也是素数的假设成立。不过，仅仅通过几个结果就想判断命题真伪，这在数学中是最"无知"的行为。（这种方法是以前为了解决客观数学问题而使用的"必杀技"。）笛卡儿等人认为的数学论证法是，基于严格的推导才能够达到绝对真理。如果他们听到上述论证，一定会从坟墓里跳出来大喊："归纳并不是数学证明的过程！"

数学界和其他科学领域公用的"推导"和"归纳"法，也同样再现于编程界。有些程序员编写复杂算法时，并不会按照"逻辑流程"解决问题，而是代入即兴想到的变量，若程序"看似"运行正常，就会认为已经编写完成。（这种代入几个数值完成的测试并不属于"单元测试"。）

这种代入几个变量进行的测试往往以程序能够正常运行的"晴天"作为前提条件，如果遇到"雨天"，这种只经过松散测试的程序会发生很多意想不到的问题。算法的内部逻辑应该紧凑，不给 Bug 任何可乘之机。而以这种模式编写的算法不仅对几个变量，甚至对"所有"变量都会产生相同结果。

假设有函数输入素数 $p$ 时能够计算 $2^p - 1$ 的结果，并且结果为素数时返回 true，否则返回 false。总是想着"晴天"的程序员会输入几个素数，例如 2、3、5、7 等进行测试。看到返回的结果都为 true，就会认为"结果都很对。这个函数很成功！"如果不仔细查看算法并确认整个逻辑相互匹配的全部过程，那就算不上是有责任心的程序员。

很长一段时间里，这个假设在数论领域都被认为是事实。终于，1536年，数学家雷吉乌斯证明其是错误假设。曾被大家（误）认为是正确的算法中，发现了致命 Bug。向 $p$ 代入素数 11 时，得到 $2^{11} - 1 = 2047$。而 $2047 = 23 \times 89$，并非素数。就这样，该假设终于被证伪。

1603 年，皮特罗·卡塔尔迪指出，$p$ 为 17 和 19 时，$2^p - 1$ 的结果也是素数。同样，代入 23、29、31、37 后，其结果也是素数。1640年，费马证明，$p$ 为 23 和 27 时，得到的结果并不是素数，所以卡塔尔迪的主张也是错误的。而到了 1783 年，欧拉得出结论，$p$ 为 29 时，其结果也不是素数。

经过这些过程，人们最终证明，$p$ 为素数时，$2^p - 1$ 的结果不一定是素数。虽然如此，有些人还是好奇，$p$ 是什么样的素数时，$2^p - 1$ 结果将为素数。为了解答这种好奇，梅森在 1644 年发表的论文中提出如下主张：

"若 $p$ 为 2、3、5、7、13、17、19、31、67、127 和 257 之 一， 那 么 $2^p - 1$ 的结果是素数。"

其实，梅森希望将存在的所有素数都表示为 $2^p - 1$ 这种短小而精简的公式形式。若真能找到那样一个公式，将是美丽得让人窒息的、绝妙的数学发现。不过，美丽的公式并没有出现在世人面前，梅森的梦想也没能实现。

随着时间的流逝，后世数学家们通过计算得出，应当删除梅森假设中的 67 和 257，而可以添加 61、89、107。就这样，从前简洁而"有理"的命题"若 $p$ 是素数，则 $2^p - 1$ 也是素数"已消失不见，而留下的"$p$ 为某值时，结果为素数，否则不是素数"等杂乱的 if-else 语句正让算法变得越来越杂乱不堪。

实际编程中，如果越来越复杂的 if-else 语句影响程序简洁性，那么到了某一时刻，程序员就会考虑"重构"，对于算法也是一样。后来，人们将精简的新算法献给一生都在祈祷和学习的修道士梅森：

"如果 $p$ 为素数时 $2^p - 1$ 也是素数，那么此素数为梅森素数。"

# 程序员的"成就感"本质

判断某一个数是否是梅森素数，归根结底还是要判断此数是否是素数。假设有素数组成的集合 $P = \{p_1, p_2 \cdots p_n\}$，那么将元素逐一代入公式 $2^p - 1$ 后，判断结果是否是素数即可。

为了评测这种方法到底有多"容易"，下面试试 $p = 37$ 的结果。为了判断 $p = 37$ 时，$2^p - 1$ 是否为素数，首先需要计算 $2^{37}$。利用现今发达的计算机系统，不难得出 $2^{37} = 137\ 438\ 953\ 472$。对此结果再减 1，即结果为 137 438 953 471。最后一步需要判断此数值是否为素数，应该怎么做呢？

若想利用"暴力"算法，需要从 1 开始，到 137 438 953 471 除以 2 的商为止，选取其中每个数，直接与 137 438 953 471 相除。这种情况下，若 1 次除法运算会耗费 1 毫秒（最多），那么需要 2 年才能完成。当然，若考虑当今计算机的性能，时间可能更短，但即使这样也不大可能满足现实需求。$p = 37$ 尚且如此，若再大一点，"暴力"算法就完全丧失了作为正常解法的意义。

　　GIMPS（The Greatest Internet Mersenne Prime Search）项目由梅森素数搜索"发烧友"创建，该项目致力于寻找已知梅森素数中的最大素数。访问 www.mersenne.org 的 GIMPS 主页后，可以看到相关文章介绍 2013 年 1 月发现的梅森素数。

▲GIMPS 项目主页

　　"GIMPS 的积极贡献者柯蒂斯·库珀博士发现了 17 425 170 位数组成的第 48 个梅森素数 $2^{57885161}-1$。库珀博士的这一发现打破了保持 4 年之久的、以 12 978 189 位数组成的梅森素数的纪录。为此，他获得了 3000 美元的 GIMPS 研究发现奖。"

　　库珀博士发现的最大位数的梅森素数，其 2 的指数多达 57 885 161。了解指数函数增长速度的读者应该能够体会，这个数值何其大也。根据 GIMPS 的报道，此次发现的梅森素数由超过 1700 万位数字组成。若将这一数值单独保存为一个文件，其大小会超过 17 MB。这相当于每行写 80 个数字时，将会有 217 814 行。目前，甚至没有编程语言或操作系统能够将这么大的数值保存到一个整型变量。

这种问题归根结底还需要通过算法的"优化"解决。不过，判断一个数值是否是素数并不容易。为了减少这种搜索所需的计算量，数学家们经过努力，终于想出了几个基于梅森素数性质的方法。其中，最"美丽"的方法就是 1870 年卢卡斯提出、1930 年莱默修订的"卢卡斯 - 莱默检验法"（Lucas-Lehmer testing）。

这种检验法中，只需将 $p$ 代入某种有着一定规律的序列，即可判断 $2^p-1$ 是否为素数。因此，这种方法大大缩短了为找出梅森素数而需要进行的计算过程。此方法中，最难计算的部分是对一个大数值的二次方计算，以及得出其结果与 $2^p-1$ 约数的计算。如果数值过大，计算机内部将无法一次性表示该数值，所以计算会变得非常复杂。

20 世纪 60 年代，"快速傅里叶变换"出现。这种方法将大数值分割为几个小数值，分别计算后再结合。这种"分治算法"打破了此前方法的"局限"性。之后，数学家和计算机学家并没有停止研究的步伐，都在为了争取哪怕一点点速度而夜以继日。1994 年，理查德·可兰德尔和巴里·费金提出了能够使 FFT 计算速度提高 2 倍的算法。

不过，即使出现这些革命性的改进算法，找出梅森素数的计算仍然是"超乎想象"的工程，所以需要庞大的计算机资源支持。而对于这种没有实用价值的项目，不会有哪个机构提供价格高昂的"超级计算机"。因此,梅森素数的探索家们想到,利用网络连接世界各地的 PC 或工作站,以使用整合计算能力。

从 GIMPS 主页下载适合自己计算机操作系统的客户端软件,安装并运行。计算机有空余时间时,程序会自动与 GIMPS 项目的中央服务器通信。服务器端会将需要检测的数值指派给各终端,收集其结果并保存到数据库。这种工作站 - 服务器架构模式利用互联网解决了计算机资源不足的问题,而这种模式在寻找外星生命体的 SETI(Search for Extraterrestrial Intelligence)项目中也曾得到应用。

令人惊叹的是,零星个体聚集而成的"蚂蚁军团"的能力甚至超越了超级计算机。(在 GIMPS 主页可以看到)为了优化判断某个数值是否是素数而进行的计算,人们又提出不少有意思的新算法。不过,最绝妙的"优化"方法莫过于,将世界各地的 PC 和工作站聚集以提高运算效率。更何况,当今时代,全世界的无名市民聚集在一起后,甚至可以使多国政府共同推进的"全球化"会议彻底无效。这正验证了那句话,"蚂蚁虽小可移山"。

# 2.8

# 文学编程

前面提到过的 A ⊆ B 的问题中，如果能够正确理解"算法1"和"算法2"的差异，就能明白如下道理。即对搜索算法的"优化"其实就像"算法2"采用的方法一样，从"暴力法"中去掉重复或不必要的过程。可以说，明智去掉不必要或重复的部分是"优化"过程的关键所在。集合问题中，事先对元素进行的"排序"就是为了避免重复而做的前期准备工作。

下面再解一道与优化有关的题目，对最终答案的意见可能因人而异。有好奇心的读者可以自行编写代码进行实际测试，应该能够得到正确的结论。

给出英语文本，编写程序找出此文本中出现次数最多的 10 个单词。

这道题是 Jon Bentley 为高德纳教授出的，前者曾在 ACM（Association for Computer Machinery，美国计算机协会）期刊连载过著名专栏"Pearl 编程"。20 世纪 80 年代初,高德纳教授向编程界提出"文学编程"(literate programming)这个深奥的话题。他将编程视为艺术领域之一,这种独到的见解为 Bentley 留下了深刻印象。于是他写信给高德纳教授,请求对方提供一个算法,以便在"Pearl 编程"专栏介绍"文学编程"。

对于这个请求,高德纳教授很有自信地回复道:"我的文学编程能够适应任何问题。请您出题,我会用'文学编程'的方法回复。会给您——至少以目前标准看是——'最好'的算法。"

1992 年,*Literate Programming*(Center for the Study of Language and Information,1992)出版。此书包含了高德纳教授关于"文学编程"的论文和演讲原稿,以及 Bentley 的"Pearl 编程"专栏内容。书中的论文是高德纳教授 1974 年完成的,所以从现在的角度看,也许包含了一些"过时"的论点。不过,此书整体而言非常有趣。

一直以来,我都将高德纳教授的 *The Art of Computer Programming*(Addison-Wesley, 1997)翻译为"计算机编程技术"。直到阅读了 *Literate Programming* 之后,才感觉这本书应当翻译为《计算机程序设计艺术》。可以肯定的是,高德纳教授没有将编程视为单纯的技术工作,而是从美学的角度,将其称为"艺术"。

▲群书环绕的 Jon Bentley（ www.cs.unc.edu ）

ACM 每年都会选拔对计算机事业做出重要贡献的个人，并向其颁发"图灵奖"。1974 年的"图灵奖"获得者就是高德纳教授。依照惯例，获得"图灵奖"的个人需要在 ACM 年会上发表演讲。1974 年 11 月，年会在美国圣地亚哥召开，高德纳教授在会上以 Computer Programming as an Art 为题发表了演讲。演讲围绕着 Art 这个词的英语词源，展现了高德纳教授的渊博学识，令人惊叹。他的演讲以如下一段话作结尾：

> "因此，我们把计算机编程想象成一种艺术。因为其内部不仅浓缩了对世界的认识，而且能够创造美丽的对象。即使只是在潜意识中将自己当成艺术家的程序员，也会更加真正喜爱自己所做的工作，而且能够创造比别人更优秀的作品。"

包括高德纳教授在内，20世纪70年代的天才先驱者们预言，不久的将来，编程工作一定会受到艺术般的待遇。这种预言不仅刺激了很多后辈们产生灵感，甚至影响了很多引发热议的各种编程方法的开发。对goto的存在必要性及作用的争论、对结构化程序设计的争论，以及发展到面向对象的范式革命等，都与那些想以"艺术"方式掌握编程的先驱者有着密不可分的关系。

对于以阅读、欣赏、开发、修改"算法"为业的人，随着时间的推移积累丰富经验后，就会感到被严密的数学理论牢牢束缚着的算法内部，其实隐藏着一种像诗歌、歌曲、小说或美丽的画一样的"美学"内容。

> "编写计算机程序十分有趣，查看优秀的程序也是有趣的事情。世上最值得高兴的事情就是，别人或自己阅读'我'编写的计算机程序后得到快乐。
>
> 计算机程序也能完成非常有用的工作。能够感受世上最大的成就感的瞬间就是，领悟到自己创造的某种东西能够贡献于社会财富和进步。有些人甚至通过编写计算机程序挣钱！因此，编程可以获得三方面成果，即美学方面、人类学方面以及经济方面。"
>
> ——摘自 *Literate Programming* 序

我出版第一本书后，收到不少读者发来的电子邮件。阅读邮件是我写书前没曾料到的一种快乐。这些读者中，有读研时因换专业较晚而深感计算机编程的苦闷、读到我的书后又重新认识编程的女大学生，也有本想进入大学就学习编程、读到我的书后发现自己的决定是正确的而感到高兴的高中生，还有远在尼泊尔参加公益活动时读到我的书而表示感谢的读者。这些来信数不胜数，我收到信后也感到无比幸福，充满成就感。

不过，这些邮件并不全是称赞和鼓励的内容，有些是严厉的批评，而有些则对我在"编程"前面附加的形容词"快乐"提出异议。他们指出，是不是在美国那样相对好一点的环境中编程才会感受到"快乐"？若到了韩国这样艰难困苦的环境中，还能感受到编程的快乐吗？

起初，我认为这种异议比较正确。但仔细一想，这种比较美国和韩国的想法中，已经融入对"快乐"的一定程度（主观）的个人判断。我不否认美国的环境比韩国环境要好得多（虽然很心痛），不过从高德纳教授提出的"三方面"考虑，站在"美学"或"人类学"角度，美国的环境不一定会比韩国环境好。那么，那位读者关注的焦点应该只局限于"经济"方面了吧？

实际编程中，我们接触到的并不总是"创造性"或"艺术性"的事情。相反，大部分时间要做的是与"艺术"相差甚远的重复性劳动（通常称之为"苦力"）。有时还会遇到对技术一窍不通的客户或系统工程师，展开乏味的舌战。甚至没有机会学习以惊人的速度涌现的最新技术，而只能抱着传统技术做着千篇一律的工作。正因如此，很多人往往感觉自己的工作不像是用新鲜的材料做出美味的料理，而更像清洗别人弄脏的碗碟。

那么，美国就不一样吗？即使有不同，也只是除了编程以外的日常生活事务。对于编程本身，美国和韩国并无二致。无论韩国还是美国，网络世界都以二进制形式组成，在美国编写的绝妙算法不可能到韩国就会变味。通过编程感受的艺术美感和体验的快乐，并不存在"国界"之分。

如果一位作家撰写了动人而富有内涵的小说，而他却说自己做的只是用文字处理器敲打文字的"重复性劳动"，那么读者会怎么想？如果画家能够画出富有灵魂的画作，而他却说洗画笔的工作令人感到下贱而麻烦，那观者又会怎么想？实际编程中主要做的"无法忍受"的日常小事，其实就是创造美丽算法的"宝贵"环节。没有乏味的日常重复工作就不会有辉煌的创造，只有懂得珍惜日常小事的人才能得到真正的飞跃。

高德纳教授宣扬的"文学编程"并没有真正实现。"文学编程"不只是简单的整理源代码，其内容包括源代码书写要端正、理论要精密、性能要有效率、概念要具备独创性等，是一种革命性的范式。高德纳教授致力于构建通过系统能够自动保障"文学编程"各种属性的软件开发环境，不过"革命尚未成功"，他也仍在努力。

有很多算法能够解决 Jon Bentley 向高德纳教授提出的问题。其中有如下两个算法，希望各位比较哪个算法运行更有效。

{算法 1}

❶（准备）假设给出单词 w，而 hash(w) 是能够返回唯一散列值

的散列函数（即，对不同单词 w 和 w′，hash(w) 和 hash(w′) 总返回不同散列值）。count[] 数组以整数形式保存各单词出现频率，word[] 数组以字符串形式保存各单词。

❷ 将给出的文档从头读到尾，每遇到 1 次 w 就对 count[hash(w)] 加 1。若 count[hash(w)] 的值为 0，就将 w 保存到 word[hash(w)]。

❸ 按顺序排列 count[] 中保存的数值后，找出最大的 10 个数值。最后，将此数值和对应的 word[hash(w)] 一起输出到显示终端。


{算法 2}

❶ 准备过程与"算法 1"相同。

❷（第一步搜索）读入给出的文档，每遇到 1 次 w 就对 count[hash(w)] 加 1。（与前一个算法完全相同，但接下来没有执行对 word[] 的运算。）

❸（第二步搜索）重新读入给出的文档，每遇到 1 次 w 时，先确认 count[hash(w)] 的值。若此值大于某个常数 C，则将 word[hash(w)] 设置为 w 的值。

❹ 按顺序排列 count[] 中保存的数值后，找出最大的 10 个数值。最后，将此数值和对应的 word[hash(w)] 一起输出到显示终端。


两种算法的差别非常明显。"算法 1"会将文本中的所有单词都保存到数组 word[]，这种方式下只需读入 1 次文本；而"算法 2"中，只将文本中出现频率超过某个常数 C 的单词保存到数组 word[]，这种方式下需要读入 2 次文本。请慎重思考，究竟哪个算法的效率更高。对"时间"和"空间"的看重程度不同，答案也会有所不同。

通常，英语文档中的单词有一半只会出现 1 次。并且，大部分单词都以极低频率出现，出现频率较高的单词只占少数。因此，适当调大常数 C 即可减少保存到 word[] 的字符串个数。换言之，保存到数组 word 的字符串并不是文档中出现的所有单词，而是出现频率达到一定程度的少数单词。

提示到此为止，两个算法的性能比较问题就当是留给大家的作业吧。

ACM 杂志 1986 年 5 月刊和 6 月刊上，Jon Bentley 在自己的专栏 "Pearl 编程"中给读者留下了如下问题：

"你还记得最近一次在深夜里安逸地坐下来阅读程序、消磨时光是什么时候吗？"

Jon Bentley 坦陈，阅读高德纳教授的算法前，自己对上述问题的答案是"从未有过"。不知各位之中，又有几位的答案不是"从未有过"。Jon Bentley 所说的"程序"并不是"去年夏天完成的子程序或卜周急需修改的程序"，而是在"工作"的延长线上，必须怀着"尽义务"的心理阅读的程序。

本书后半部分将主要"阅读"别人编写的程序。对 Jon Bentley 的问题回答"从未有过"的读者，读完后续内容，相信你们会有新的答案。

# 第 3 章

## 硬核朋克点燃午后激情

打破了许久的沉寂后，韩国歌手徐太志发售了第二张专辑。还记得当时，我听到这次发行的专辑是硬核朋克流派，就跑去购买了 Limp Bizkit 乐队和 Korn 乐队的CD。虽然并不常听，但心情沉闷时听到这些乐曲，我就能马上调整好心情。本章介绍的"3 行 Perl 程序"就像"超级硬核朋克"，这个程序是只有"发烧友"才能理解的"超级发烧友"编写的。

# 欧几里得算法

▲ 欧几里得（www.donga.hs.kr）

埃及王子托勒密曾师从希腊数学家欧几里得学习几何学。托勒密问欧几里得学习几何有无捷径时，欧几里得说出了那句名言："几何无王道。"没有听到自己想要的答案，托勒密也许感到无比失望。但不仅是几何学，世上任何一件事都不会存在"王道"。

会下围棋的人遇到专业棋手时，总是会问"提高棋艺的捷径"。专业棋手会不无例外地告知，认真阅读有关书籍并且多练习，才是提高棋艺的唯一出路。认真打好基础和不断练习的道路才最快、最有效，这对计算机编程也不例外。

《几何原本》是欧几里得结合柏拉图哲学和希腊几何学，进行系统汇编的几何学经典。《几何原本》内容丰富，虽然出版于公元前300年，但直到20世纪初还被英国教育界选定为课本。《几何原本》中，欧几里得彻底排除了个人情感及主观见解，以绝对的准确性和严密性记述了毕达哥拉斯、柏拉图、希波克拉底等人的研究成果和自己的创作。

这本书只注重数学的严密性，甚至连当时书中经常出现的"誓词"和"序文"都省略了。不仅如此，此书给人们留下了深刻印象，（最近可能很少有人会这么认为）甚至让不少当代人将"欧几里得"这位数学家的名字误认为是书名或"几何学"的代名词。"欧几里得"这个名字为世界留下了深远的影响。

从"准确性"和"严密性"角度讲，计算机编程这门学问一点也不逊色于几何学。因为，在编程中哪怕点错一个标点符号，也会产生使整个程序中断运行的致命后果。幸好，程序语言编译器在一定程度上会保障程序代码的外在正确性。不过，代码包含的内在逻辑和意义的准确性需要程序员负责，所以一刻也不能放松警惕。

▲ 希腊语《几何原本》副本，据推断应为公元 888 年版（www.health.uottawa.ca）

　　欧几里得算法能够求出两个数值的最大公约数。此算法的确立虽
然已经过去 2000 多年，但因其实现逻辑简单又明确，所以至今还经常

出现在讲解算法的教科书当中。正式学过算法的读者可能已经有所了解，具体内容如下。

给出两个任意自然数 *m* 和 *n*，为便于说明，假设 *m* 总是大于等于 *n*。即使如此假设也不会失去算法的通用性，因为必要时可以将 *m* 和 *n* 对调。此时，求 *m* 和 *n* 的最大公约数。

❶ *m* 除以 *n*，余数设为 *r*。

❷ 若 *r* 为 0，则 *n* 是最大公约数。若 *r* 非 0，则将 *m* 设为 *n*，将 *n* 设为 *r*，并返回 ❶ 继续运算。

算法没有一点多余的部分，就像一首简洁美丽的诗，算法的说明字句之间仿佛飘荡着轻快的圆舞曲。算法的 C 语言代码形式如下所示。

```c
int gcd (int m, int n)
{
    if (n > m)
    {
        // m 小于 n 时，swap 函数将其对调，以保证 m 大于等于 n 的假设总
            是成立。swap 函数的实现方法留给各位自行练习。
        swap (m, n);
    }

    while (n > 0)
    {
```

```
            r = m % n;
            m = n;
            n = r;
        }
        return m;
    }
```

下面通过示例验证算法运行的整个过程。求两个自然数 582 和
129 的最大公约数时,步骤如下。


[ 步骤 1]  $582 = 129 \times 4 + 66$

582 除以 129,商是 4,余数 66。

[ 步骤 2]  $129 = 66 \times 1 + 63$

129 除以 66,商是 1,余数 63。

[ 步骤 3]  $66 = 63 \times 1 + 3$

66 除以 63,商是 1,余数 3。

[ 步骤 4]  $63 = 3 \times 21 + 0$

余数为 0,所以两个数值的最大公约数是 3。


每个步骤都可以表示为 $m = n \times C + r$ 的形式,而每经过一个步骤,
$n$ 移到 $m$ 的位置,$r$ 则移动到 $n$ 的位置。可以用公式证明通过这些步
骤就能找出最大公约数,不过整个过程过于无聊,此处不再赘述。(后
面还能看到真正无聊的数学证明,希望已经感到无聊的读者能坚持到
那个时刻。)想进一步了解算法原理的读者,可以选取两个简单的自然
数代入算法,手动验证每个步骤中 $m$ 和 $n$ 的变化。

目前，欧几里得开发的此算法是求最大公约数方法中被公认为效率最高的一种。算法内容轻便简洁，所以用程序实现也非常方便。

世事都是如此。对某件事情理解正确的人，可以用非常简洁的方式说明自己理解的内容；反之，没有正确理解的人只能重复着无意义的内容，将简单的事情复杂化。基于这种原因，拥有丰富经验且实力超凡的程序员编写的程序，别人查读起来也非常有意思。这种程序代码不仅没有一点"赘肉"，其实现逻辑也会像肌肉一样健硕。程序 Bug 本来就爱钻进"赘肉"之中，所以各位编写程序时，应当尽量简化算法，这才是高水平程序员应当具备的真正"实力"。

## 3.2

# 递归的魔术

本节讲解编程问题。3.1 节讲述的 gcd 函数虽然比较简洁，但有些部分仍然可以精简。各位是否感到函数开头调用 swap 函数的部分有些碍眼？下面修改程序，使函数不再调用 swap 函数。限时 3 分钟。

看完问题后，只要能想到"递归"就算合格，因为这说明你已经对编程有了基本的感觉。虽然有很多种方法可以编写算法，但递归方法最为简洁，所以它被公认为最具有"美感"。下列源代码利用递归方法精简 gcd 函数，其中包含了能将结果输出到显示终端的主函数。

```
#include <stdio.h>

int main(int argc, char** argv)
{
    // 将命令行中输入的两个数值转换为整型数。
```

```
// 实际程序中会判断 argv 的长度，若小于 3 则输出错误信息。此处省略错误
   查看过程。
int m = atoi(argv[1]);
int n = atoi(argv[2]);

// 调用 gcd 函数求最大公约数。
int d = gcd (m,n);

// 将结果输出到显示终端。
printf ("the greatest common denominator of %d
        and %d is %d\n",m,n,d);
}
// 求最大公约数的函数——问题的实际答案。
int gcd (int m, int n)
{
    if (n == 0)
    {
        return m;
    }
    else
    {
        return gcd (n, m%n);
    }
}
```

"计算机之父"查尔斯·巴贝奇曾将自己发明的计算机比喻为自己啮食自己尾巴的"奇异"怪物——衔尾蛇（Ouroboros）。将 0 和 1 组成的长位序列输入计算机后，就会输出另一个位序列。这在巴贝奇看

来，就像是吃掉自己尾巴而生的怪物，而递归与这种衔尾蛇形式十分类似。

包括 C 语言在内的很多计算机语言中，调用一个函数时，调用地址会保存到系统内部的栈。因为调用函数后，需要知道应当返回的位置。递归函数虽然技法精妙，但需要向系统内部的栈保存调用函数时的地址。因此，函数的递归调用次数增多时，会导致算法执行速度变慢。（即使不考虑以递归方式实现的斐波那契数列算法涉及的"重复"问题，递归算法仍然存在这种"负载开销"问题。）

以递归方式调用的函数需要返回原来位置，因为在原函数中需要继续执行递归调用后的其他语句。比如，我们正在完成科长交给的任务时，突然接到了部长下达的任务。此时不应当做完科长的任务再去做部长的任务，而应当先将部长交代的任务做完，然后再回来继续完成科长的任务（否则部长会让你好看）。

下面查看调用函数时，程序当前位置保存到栈的整个过程。

函数 test3 完成所有运算并返回时，读入栈中保存的地址，返回函数 test2 中调用 test3 的位置（图中标有★的位置），并从该位置开始继续完成 test2 函数的剩余运算。此时，test3 函数相当于部长指派的任务，而 test2 函数相当于科长指派的任务。

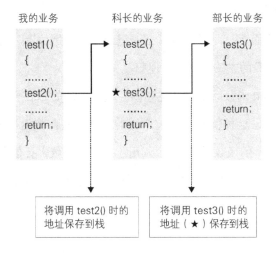

像这样，递归算法需要利用系统内部栈准确记录函数调用位置，所以会额外消耗内存和程序处理时间。因此，编程高手们会选择不使用递归算法，而优先考虑自己设计的栈，或使用 for 和 while 等循环语句。

究竟使用递归算法还是利用 for 或 while，这完全取决于程序员的个人喜好。不过，这两种方法都存在着明显的优缺点。递归算法比较简洁明了，但运算速度（相对）较慢；而直接利用 for 或 while 循环虽然运算速度较快，但查读（相对）麻烦，而且少了一些趣味性。（编译器的不同设计方式会使这种差别缩至最小。）

令人惊奇的是，有一种特殊算法能够取二者之长，这就是"尾递归"。递归算法中，需要将调用位置的地址保存到栈，因为需要返回调用点并完成剩余运算。那么，返回调用点后没有剩余运算时，会怎样呢？做完了部长指派的任务时，恰巧科长指派的任务也做完了，那么还有必要返回原点吗？

当然没有必要，此时甚至没必要记录函数调用位置。在原函数末尾调用递归函数的方法就是"尾递归"。

前面的 gcd 函数就实现了尾递归。递归调用的 gcd 函数返回后并没有剩余运算，这种情况下，被调用的函数并不需要返回原调用点。因为"被调用"的函数返回时，"调用"函数的函数本身也会返回。

下图对递归调用的函数需要返回调用点的情况和同时返回的情况进行了比较。

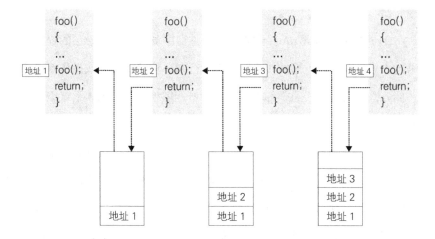

每次递归调用函数时，指向函数调用位置的地址就会保存到栈，然后才会执行被调用函数的第一条语句。

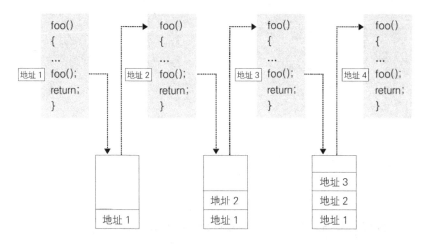

被调用的函数返回时，首先确认栈中的调用点地址，然后返回地址指向的位置。例如，最右侧的 foo() 函数在返回时，读入地址值"地址 3"后，返回该位置。向栈保存地址又读入地址的操作都属于"负

载开销"。

上页图中，包含 foo() 函数的部分是程序员能够直接干预的程序代码区。另外，代码下面的栈往往属于运行时环境的一部分或操作系统的一部分，所以这些栈通常都不属于程序员能够控制的对象（系统编程则例外）。

虽然并非所有算法都能采用"尾递归"，但仔细思索就能发现，很多递归算法都能以"尾递归"的方法编写。另外，若编译器能够自动识别尾递归，那么函数即使被递归调用，也不会将返回位置保存到栈。因此，若在这种编译器中使用尾递归的方法，就能弥补递归算法通常具有的缺点。

```
int foo (int n)
{
    if (n == 0)
    {
        return 1;
    }
    return 2*foo(n-1);
}
```

此代码对输入的整型数 $n$ 返回 $2n$，该函数的算法也采用了递归的方法。请各位思考，函数采用的是"尾递归"还是一般"递归"。得出答案前，需要先考虑前面是如何定义"尾递归"的。另外，若上述代码没有采用"尾递归"的方法，那么怎样才能提高算法的执行速度呢？

# 3.3

# 李维斯特、夏米尔、
# 阿德曼的数学游戏

　　美国科普杂志《科学美国人》1977 年 8 月刊的专栏中，刊登了题为"数学游戏"（Mathematical Games）的文章，其中介绍了李维斯特、夏米尔、阿德曼三位年轻的 MIT 学者新开发的公钥算法。

　　当时，距离计算机网络——互联网覆盖全球还有 15 年，"密码学"（cryptography）并不是人们关注的领域。不过，三位学者开发的新算法着实让世人为之一惊（尤其是美国国家安全局）。在这篇热情洋溢的专栏文章末尾，作者们收录了通过新算法加密的信息，并承诺，若有人能解开此信息，就会得到 100 美元奖励。当然，人们的惊叹并非是为了这 100 美元。

　　信息加密问题不只专属于计算机领域，早在计算机普及之前，加密问题已经在漫长的人类历史中留下了深深的烙印。人们在很长一段时间里都认为，只有发送文件和接收文件的双方同时拥有事先约定的

"秘钥"，才能完成加密 / 解密全过程。

但是，斯坦福大学的迪菲、赫尔曼，以及伯克利大学的默克尔提出了我们今天广泛使用的基于"公开秘钥"和"私有秘钥"的 PKC（Public Key Cryptography，公钥密码学）概念，彻底颠覆了人类数千年来一直以为的唯一的加密方式。如果说迪菲、赫尔曼、默克尔的贡献在于他们创造了"革命性的概念"，那么三位年轻学者开发的 RSA 算法可以说将"革命性概念"变为革命本身。

RSA 这个名称来自李维斯特（Rivest）、夏米尔（Shamir）、阿德曼（Adleman）三人名字的首字母。李维斯特从迪菲、赫尔曼、默克尔的工作中得到灵感后，说服 MIT 的同事阿德曼教授和来自印度的夏米尔教授，一起投入未知的旅程，试图实现将"公开秘钥"和"私有秘钥"这种幻想的概念变为实际存在的算法。为此，他们每天晚上都在 MIT 的实验室或李维斯特的公寓，或者在佛蒙特的滑雪场中，为算法的成形进行激烈探讨。

▲李维斯特、夏米尔、阿德曼（theory.lcs.mit.edu）

他们采取如下工作流程。首先，李维斯特和夏米尔耗尽心血设计一个精密算法，然后由具有非凡数学直觉的阿德曼对算法进行严酷的测试，暴露其缺点。虽然令人心痛，但只要暴露出缺点，他们就会无情地抛弃这个算法。可以说，李维斯特和夏米尔是兢兢业业的开发者，而阿德曼则是出色的测试者。

他们总共开发了 40 多个算法，但都因暴露缺点而被抛弃。困扰他们的问题本身其实非常简单，即开发一个算法，使其只能用私有秘钥解读通过公开秘钥加密的文件。先于他们的革命性理论家迪菲和赫尔曼构建的理论主体也正是上述这个问题。李维斯特总感觉算法就要出现在眼前，但真正完美的算法始终没有出现。

探索未知世界的时间越久，探险家的心里越会产生怀疑。寻找能够实现前辈理论的算法探索之路变得非常漫长时，MIT 的三位学者也开始怀疑，迪菲和赫尔曼提出的公开秘钥、私有秘钥究竟能否真正实现。他们濒临绝望。

不过，三人最终还是没有放弃。李维斯特夜以继日梦想着最终"算法"而不断设计新逻辑，有一天，他脑海中突然闪现一道灵光。那是一个深夜，李维斯特正躺在自己的沙发上闭着眼睛思索（并没有睡觉），突然间，某种"算法"的身影浮现在脑海中。他立刻从沙发上跳起来，将自己的灵感整理为简单的数学公式，然后叫来其他同事一起查看。废弃过无数"算法"的阿德曼查看公式良久，然后点头宣布了"革命"的到来。

　　一个算法从无到有的过程就是这样艰难曲折，而新算法真正来到这个世界后，它又马上变成了谁都能够理解的简单明了的公式。要想理解 RSA 算法，只需了解素数的基本性质和运用除法求余的运算（mod）即可。RSA 算法十分"美丽"，但它包含了很深的"内力"，所以分量十足。总之，越是"内功"深厚的人，其作品反而越容易。

———— 3.4 ————

# RSA算法

RSA算法为加密世界带来革命，可以用以下数学符号和概念表示。理解这些说明并不需要深奥而复杂的数学知识，各位不必紧张。

❶ 假设 $p$ 和 $q$ 为素数，计算 $n = p \cdot q$（容易）

❷ 分别对 $p$ 和 $q$ 进行减 1 运算，再对两数相乘。乘积为 $\phi$。（容易）

 $(\phi = (p-1)(q-1))$

❸ 找出满足如下条件的 $e$。（略难）

 $1 < e < \phi, \gcd(e, \phi) = 1$

❹ 找出满足如下条件的 $d$。（最难）

 $1 < d < \phi, ed = 1 \pmod{\phi}$

❺ $(n, e)$ 是公开秘钥，$(n, d)$ 是私有秘钥。不公开 $p$、$q$、$\phi$ 的值。

李维斯特、夏米尔、阿德曼三人经历了无数不眠之夜，一起反复探讨、思考、提案、反驳，在黑板上写写画画又一次次擦去。他们的算法经过这些艰难过程才得以诞生，而其结构却简单得让人有些失落。不过，他们并没有意识到 RSA 算法将对世界产生革命性的意义。三人只是认为，就像普罗米修斯带给人类火种一样，迪菲和赫尔曼定义的天赐礼物"公开秘钥"应当早日降临人世。为了完成这种"使命"，他们燃烧了自己的激情和灵魂。

# 下午茶时间

仔细了解 RSA 算法需要经历漫长而烦琐的过程，所以详细讲解之前，先解几道简单的问题。不想详细了解 RSA 算法，或实在无法忍受数学内容的读者，可以只解这道题后跳转到下一部分。（不过，此处详细介绍 RSA 算法是为了更好地理解之后的 3 行 Perl 程序。）

首先求解简单的编程问题。有指向单链表的指针 head，以及一个指向此链表中任一节点的指针 node。编写算法，从链表中删除此节点。限时 3 分钟。

为了缓和气氛，再解一道非编程问题。这是我在 IT 公司面试时实际被提问过的。虽然是轻量级问题，但能够独立求解的人一定具有非凡的爆发力（或十分坚韧）。

空房间中有个圆柱形水杯，杯口和杯底直径相同，里面有半杯左右的水。找出方法判断，杯中水超过一半还是不到一半。空荡荡的房间中没有任何可使用的器具或工具。限时 10 分钟。（也许各位会感到迷茫，但不到最后请不要放弃思考。答案本身非常简单，不过能够真正求解的人却寥寥无几。想问题的时候，请不要考虑房间或水的温度，以及化学反应等"不讲理"的方法。另外，不允许喝杯子里的水。）

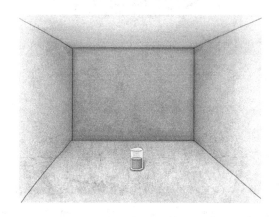

首先，众所周知，第一道题中的单链表具有如下数据结构。

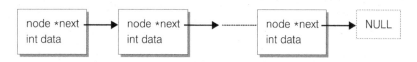

图中的每个框表示一个节点，每个节点都包含一个指向自身后面节点的指针和整型数据。根据需要，数据可以变为字符串或结构体等其他数据类型。

最左侧节点是通常被称为"头"节点的链表出发点，而最右侧的节点是表示链表结尾的"尾"节点。尾节点后面没有节点，所以其内部指针 *next 只能指向 NULL。

修炼数据结构这门"功夫"时，单链表就像需要最先练就的"马步"。虽然没有什么太深奥的内容，但仍有一些巧妙的部分，所以很适合应用于制作简单的测试题。就像武林中人狭路相逢，即使只是擦肩而过，也能够立刻知晓对方的实力。程序员之间也是如此，大家只靠链表相关基础知识就能判断对方的水平。

我刚到美国留学的第一学期开学前，曾经选修过暑假短学期的数据结构课程（顺便学习英语）。讲师是与我年龄相仿的印度籍助教，他为了给年轻学生将链表讲解得"容易"一点，使出了浑身解数。若让我讲课，就会采取在黑板上画图的方式。不过，这位助教为了轻松教学，居然拿出了小孩子们才会玩的"乐高"玩具。

我本就担心这位助教要将链表"简化"的欲望是不是有点过头，果不其然，双手拿着乐高满头大汗的助教让人不由得想起杂耍的小丑。愿望是美好的，但面对单链表程度的简单数据结构，其实没必要动用"乐高"。"比喻"用得好才会成为良药，但使用不恰当反而会毁掉课堂气氛。

编程学习者恐怕没人不理解单链表的概念。我们日常生活中，"应急联络网"就是与单链表类似的联络系统。班长联络哲洙、哲洙联络英姬、英姬再联络民宰，这种"连接系统"的结构就非常像单链表。从总体上看，人们只需记住自己要联系的人的姓名，而不需要记住联系自己的人的姓名。这一点与单链表尤为相似。

通过上面的图可以看出，各节点只有指向自己"身后"节点的指针，而没有任何针对自己"前面"节点的信息。这就意味着，对链表结构进行搜索时，只能从前向后（即从头节点到尾节点）移动，而不能从相反方向移动。

为了能够在节点与节点间随意移动，各节点需要额外配置指向前面节点的指针。节点拥有指向前面节点的指针和指向后面节点的指针时，这种结构的链表就称为"双向链表"。

单链表中，要删除某个节点并不难。例如，以"哲洙－英姬－民宰"形式构成的链表中，若删除节点"英姬"，就会剩下"哲洙－民宰"。也就是说，哲洙联系下一个节点时，不联络"英姬"而改为联络"民宰"，那么"英姬"这个节点就自然而然地被删除。

指针 head 指向的链表中，删除某个节点 node 的算法如下所示（即链表的第一个节点就是 head）。

```
void deleteNode (Node *node)
{
    if (node == head)
```

```
{
    // head 的下一个（第二个）节点变为第一个节点。
    head = head->next;
}
else
{
    Node *temp = head;

    while (temp->next != node)
    {
        // 逐格移动链表，直到找出 node。
        // 结束 while 循环时，就是 temp->next 与 node 相同的时刻，所
            以 temp 就是 node 的相邻节点。
        temp = temp->next;
    }

    // 哲洙（temp）不再联络英姬（temp->next，即 node），而联络民宰
        （node->next）。
    temp->next = node->next;
}

// 将没用的 node 从内存中删除。
delete node;
}
```

这种难度的算法对各位来说并不会太难，下面再解一道练习题。
对于上述算法，不要考虑占用的内存空间，只站在提高算法运行速度

的角度重新编写。若想最大程度减少运算时间，就不要考虑被删除的节点占用的内存空间。

有很多种方法可以满足上述要求，比如下列代码所示。

```
void deleteNode (Node *node)
{
    node->data = node->next->data;
    node->next = node->next->next;
}
```

代码十分简单，如其所示，最终会将 node 从链表中删除。但需要注意，算法实际删除（即从应急联络网删掉）的并不是 node，而是下一个节点 node->next。而且在这个算法中，从应急联络网排除的节点并不需要被真正删除。因此，不再需要为了找出输入函数的节点 node 的前一个节点而运行 while 循环。

不过，这种方式的算法不能直接应用于实际编程。被删除的节点占用的内存空间没有通过 delete 等函数明确执行返还操作，所以长期累积会产生内存泄漏。

经验丰富的程序员知道内存泄漏是多么致命的 Bug。对于程序员而言，置软件内存泄漏于不顾就像是职业棒球选手想要抓住高空球却被球打得头破血流一样，是非常尴尬的。

内存泄漏不仅会出现在 C 和 C++ 这种需要程序员自己分配内存并返还内存空间的程序语言中，而且 Java 这种由垃圾收集器（Garbage collector）代管内存的程序语言中也会发生。（不过，很多 Java 程序员都对此有所误解。）

我们公司的项目里有一段用 Java 语言编写的代码，编写者是名为"苏达"的印度程序员（其实是位"话痨"的印度大婶）。她编写的是简单的小程序，不过打开包含此程序的网页时，经常发生内存溢出错误。即使在 Java 插件的运行时参数中将 Java 堆内存指定为 256 MB，也依然会发生。

项目中，为了检验内存或 CPU 等系统资源使用情况，我使用了 Borland 公司的 Optimizelt 测试工具。利用此工具可以在 T1 时刻保存配置文件，软件运行一段时间后，到 T2 时刻再保存配置文件。最后，工具软件会自动比较两个文件，并给出是否存在内存泄漏等信息。

"苏达"的代码问题在于，打开网页时，向声明为 static 的某个数据结构存入"极大"量数据后，没有在任何地方将其取出或释放。这种数据结构是 static，所以每当打开此页面时，并不会进行初始化，而是在已有的数据后面继续添加新数据。这不是"向无底缸倒水"，而是向非常坚固的缸里倒水，直至溢出。

这不是单纯的失误，而是对自己使用的程序语言理解不足造成的致命 Bug。若对 Java 语言本身有最基本的了解，就不会犯下这种错误。在编程实操中编写算法时，不能只考虑自己的算法能否完成业务上提出的功能。即使将这些功能完成得再好，编写的算法只能得到 B- 或 B 的分数。

真正有实力的程序员编写算法后还会不断思考，会不会发生内存泄漏、是否达到防御性编程的要求、执行速度是否达到最优等。不仅如此，他们还会考虑代码是否已经整理为别人容易查阅的形式、注释是否充分等。只有经过深思熟虑后产出的程序，才有资格评为 A+。

下面看看第二道题的答案。有些人求解可能会很轻松，但很多人应该未能独立求解。看到插图后都无法得出答案的读者，可以边喝杯子里的水，边想一想自己为什么没能想到解法（最好面壁思过）。

即使读完题后没能马上想起答案，但看到插图后能够立刻明白，也可以说很有编程的感觉。将杯子倾斜，使水面刚好到达杯口时，查看底部的水就能得出答案。算法的编写与之大体相同。各位因为找不到突破口而郁闷时，甚至会怀疑给出的问题究竟有没有解。然而找到突破口后，再回首会发现，原来解决之道竟如此简单。

# RSA算法（续）

下面通过示例具体了解 RSA 算法的运行机制。2002 年 6 月，韩日"世界杯"为韩国人留下了深刻的回忆，恍如昨日。这场盛会的主角就是希丁克教练。为了理解 RSA 算法，我们先"假设"希丁克教练和科埃略教练需要交换有关 2006 年"世界杯"的秘密作战文件。科埃略利用 RSA 算法生成了公开秘钥 $(n, e)$ 和私有秘钥 $(n, d)$ 对后，将公开秘钥 $(n, e)$ 发送给位于荷兰的希丁克。任何人在中间窃取或拿走这个秘钥都没有关系，因为此秘钥只用于加密文件，所以任何人拿到都不要紧。

希丁克教练将韩国队能够在 2006 年"世界杯"再次创造神话的"秘诀"放入文件，然后利用科埃略发来的公开秘钥 $(n, e)$ 对文件进行加密，之后将文件发送给远在韩国的科埃略。即使其他国家的足球间谍窃走被加密的作战文件也没关系，利用公开秘钥 $(n, e)$ 加密的文件只能被拥有私有秘钥 $(n, d)$ 的科埃略阅读。（假如间谍拥有具备超级计算能力的计算机，则另当别论。）

接下来，详细解读希丁克教练和科埃略教练相互传送文件的整个过程。

科埃略依据 RSA 算法，设 $p=11$，$q=3$（11 和 3 是 RSA 算法能使用的最小数值）。此时，计算 $n$ 的值则有 $n=11\times3=33$。那么，$\phi$ 的值则为 $\phi=(p-1)(q-1)=(11-1)(3-1)=10\times2=20$。

下一步需要定义 $e$，使其同时满足条件 $1<e<20$ 和 $\gcd(e, 20)=1$。gcd 函数能够求出输入的两个数值的最大公约数，使用的是前面介绍过的欧几里得算法。若 $\gcd(e, 20)$ 的结果为 1，那就说明两个数值之间没有比 1 大的最大公约数。例如，9 和 7 之间没有比 1 更大的最大公约数，数学上将满足这种条件的两个数值称为互质数。从编程角度看，向函数 gcd 传递两个数值时，函数返回 1，则表明两个数互质。

寻找 $e$ 的方法简介如下。首先在满足 $1<e<20$ 的数值中，选择一

个简单的素数。其次找出 $e$，使其同时满足条件 $\gcd(e, (p-1))=1$ 和 $\gcd(e, (q-1))=1$。

$\phi$ 等于 $(p-1)(q-1)$，所以 $\gcd(e, \phi)$ 等于 $\gcd(e, (p-1)(q-1))$。但 $e$ 和 $(p-1)$ 之间的最大公约数是 1，而 $e$ 和 $(q-1)$ 之间的最大公约数也是 1，那么 $e$ 和 $\phi$ 之间的最大公约数也只能是 1。例如，4 和 7 之间的最大公约数是 1，4 和 9 之间的最大公约数也是 1，那么 4 和 63 之间的最大公约数也只能是 1（数学证明过程是各位的作业）。

那么，在满足 $1 < e < 20$ 的数值中，选定最简单的数值 3。此时，需要确认 $\gcd(3, (p-1))$ 即 $\gcd(3, 10)$，和 $\gcd(3, (q-1))$ 即 $\gcd(3, 2)$，是否都会返回 1。幸运的是，两种情况下，函数都会返回 1。这说明 3 和 10 是互质数，而 3 和 2 也是互质数。因此，$e=3$，满足 $\gcd(3, \phi)$ 即 $\gcd(3, 20)=1$ 的条件。$e$ 满足两个条件 $1 < e < 20$ 和 $\gcd(3, 20)=1$，所以可以设 $e=3$（找到了满足条件的 $e$）。

最后，找出 $d$，使其同时满足条件 $1 < d < \phi$，即 $1 < d < 20$ 和 $ed \equiv 1 \pmod{\phi}$。对数学不感兴趣的人一看到 $ed \equiv 1 \pmod{\phi}$ 可能会"忍不住犯困"，不过这个公式与前面接触过的末日算法中"以 7 为中心循环"的概念完全相同。

从程序员角度看，数学上使用的符号就相当于精巧的压缩程序或宏，因为符号可以将复杂内容表示为短小而简洁的形式。事实上，mod 函数应用范围极广，所以不了解此函数的人反倒显得怪异。短小而简洁的上述公式解压后如下所示。

"数值 *ed* 除以 *φ*，余数为 1。"

换言之，后面的 (mod*φ*) 表示 *ed* 除以 *φ*，而 ≡ 1 表示余数是 1。各位应该都知道这种模数运算，如果不懂，请马上记住其正确含义。（C 语言或 Java 语言中，求模运算符通常会采用 % 符号。另外，求商的运算符会采用表示除法的 / 符号。当然，两种运算符会有不同执行结果。）对于上面这句话，还有一种简单的表现形式，如下所示。

```
(ed - 1) / φ = 0
```

此时，$e = 3$，$φ = 20$，所以上述公式会有如下结果。

```
(3d - 1) / 20 = 0
```

现在，可以向 *d* 代入 2、3、4、5、6、7、8 等数值，逐一确认结果。不难发现，$d = 7$ 时，结果为 0。因此，可以判断我们需要找的数值就是 7。

找到需要的所有数值后，可知公开秘钥 $(n, e)$ 是 $(33, 3)$，而私有秘钥 $(n, d)$ 是 $(33, 7)$。当时的科埃略教练向荷兰的希丁克教练发送了公开秘钥 $(33, 3)$，并请求希丁克教练以此秘钥对秘密作战方案进行加密后，再发送给自己。

因为目睹了 2002 年韩国队进军"世界杯"四强的神话，媒体对科埃略教练和希丁克教练之间传递的文件产生了极大的兴趣。最终，欧洲的一家日报独家刊登了希丁克教练发给科埃略教练的文档，其内容是担任2006年"世界杯"韩国国家队前锋的球员号码。至于尚未解密的文档内容（即希丁克加密后发给科埃略的文档内容），则标上了13的字样。

人们已经知道希丁克教练为了加密选手号码而使用了公开秘钥(33, 3)，但始终未能得到科埃略教练深藏的私有密码，所以一直猜不出谁会最终出任前锋。根据RSA算法的定义，原文档值为 $m$ 时，利用公开秘钥 $(n, e)$ 对其加密后的文档 $c$ 的值如下所示。

c = m$^e$ mod n

利用私有秘钥 $(n, d)$ 解开加密文档 $c$ 时，利用如下公式。

m = c$^d$ mod n

人们已经知道科埃略教练的公开秘钥 $(n, d)$ 和希丁克教练发往韩国的加密文档内容13，那么就等于已知 $c$、$n$、$e$ 值。这就说明我们已经明确掌握了求出原文件 $m$ 所需的 $c$、$d$、$n$ 中的2个数值，但因为没有公开 $d$ 的值，所以依然不能从 $c$ 中求出 $m$。

只有知道 $d$ 值的科埃略教练才能通过如下公式求出 $m$。

m = 13$^7$ mod 33

通过计算（利用计算器）就能得出如下结果。

```
m = 13⁷ mod 33 = 62,748,517 mod 33 = 7
```

这个结果让科埃略教练吓了一跳，因为 7 号选手是后卫金泰映。
2002 年"世界杯"时，这位选手撞坏了鼻梁，但是带着面具继续比赛，
表现出强大的意志。生怕自己出错的科埃略教练重新计算了好几次，但
希丁克教练发来的文档里记录的还是数字 7。即使金泰映的斗志再强、
为人也踏实，但他的位置并不是前锋，而且他的年龄也已经略大。科埃
略教练认为，肯定是哪个地方出了错。（日后有新闻称，希丁克教练说
自己只是为了给科埃略教练带来幸运而发送了数字 7。信不信由你。）

▲带着老虎面具的斗士：金泰映（www.stoo.com）

# 3.7

# 3行Perl程序

```
#!/bin/perl-sp0777i<X+d*lMLa^*lN%0]dsXx++lMlN/dsM0<j]dsj
$/=unpack('H*',$_);$_=`echo 16dio\U$k"SK$/SM$n\EsN0p[lN*1
lK[d2%Sa2/d0$^Ixp"|dc`;s/\W//g;$_=pack('H*',/((..)*)$/)
```

请仔细阅读上面这首"诗"。如果现在是深夜，各位可以准备一杯
大枣茶，再放几粒饱满的松子，边喝边欣赏。这几行密密麻麻的符号
看似毫无意义，但表示的竟然是利用 RSA 算法进行加密和解密的全
过程。

即使将拉里·沃尔有关 Perl 方面的书阅读过 10 次以上，看到上
述算法的人也会将其视为一首"诗"或"涂鸦"，而绝对不会认为是
"程序"。这并不是"比喻"，而是事实。如果将按照这种形式编写的程
序与"真正的程序"混淆，那么就像是混淆了"表演台球"和"竞赛
台球"、"五子棋"和"职业围棋"。归根结底，"表演台球"和"五子
棋"只是休闲活动，并非为了真正决出胜负而进行的比赛。

看到这 3 行 Perl 程序后，有些人可能想到著名的 IOCCC（The International Obfuscated C Code Contest，国际 C 语言混乱代码大赛）。这场赛事每年举办一次，其官网（http://www.ioccc.org）对大赛目的说明如下。

- 利用悖论的方式，强调程序风格的重要性。
- 动用怪异的代码，"折磨" C 编译器。
- 挖掘 C 语言的妙处。
- 向"荒唐"的 C 代码提供安全的论坛。

访问 IOCCC 网站后，可以欣赏历届获奖代码作品，真可谓字字珠玑。看到当选作品提供（故意胡乱编写）的无法看懂的代码时，你会觉得非常有趣。不过，短小的代码实现的内容不仅多样而且深奥，这不由得令人为之惊叹。程序员们能够使短小的程序包含诸如 3D 图形、游戏、UNIX 工具、网络游戏、计算机模拟等内容，实力不容小觑。（希望各位访问 IOCCC 网站，有兴趣的读者还可以亲自参赛。）

本节开头给出的 3 行代码虽然不是 C 代码而是 Perl 代码，但考虑到编写目的，其与 IOCCC 大赛的参赛作品都属于同一级别。我在阅读有关 RSA 算法的论文时发现了这 3 行 perl 程序，认为将其收入书中能够提升趣味性，所以给代码原作者发了一封电子邮件。大部分黑客都不喜欢长篇大论，所以邮件内容非常简短。

"My name is Baekjun. Would you mind if I use your Perl code in my book?"
（我叫栢濬，我的书里可以摘录你的 Perl 代码吗？）

邮件发出不久，我就收到了来自代码原作者亚当·贝克的回信。信中只有一个词。

"sure"
（当然）

既然说到邮件，那就再说一个与邮件相关的事情。之前提到过，我工作的团队里有两名叫做"维纳"的印度程序员。成员们为了避免混淆，半开玩笑地给他们取名"维纳一"和"维纳二"。某天开会时，项目经理把一旁打瞌睡的彼得误叫成了"维纳"。之后，彼得的名字就变成了"维纳三"。

几天后，"维纳一"向全体成员发了一封简单的邮件。

Team
I will be in by 10:30 am today（我今天 10:30 上班。）
-Vinay

我平时一有机会就拿他的名字取乐，现在注意到他署名"维纳"，所以向全体成员发送了如下邮件。

Prove "Vinay=Pete"

（请证明"维纳"是"彼得"。）

然后又公布了如下"证明过程"。（两个维纳中，"维纳一"的姓以 G 开头，"维纳二"的姓则由 K 开头。）

```
Vinay1 = Vinay G.
Vinay2 = Vinay K.
Vinay3 = Pete

proof)
--Vinay = --Vinay1
--Vinay1 = Vinay1 - 1
Vinay1 - 1 = Vinay0
Vinay0 = Vinay3 (mod 3)
Vinay3 = Pete
∴ --Vinay = Pete
```

这只是为了逗乐而编出来的证明，请各位不要当真。这 3 行 Perl 算法像马塞尔·普鲁斯特的小说和毕加索的抽象画一样难懂，为了理解这个算法，需要做一些准备工作。首先，需要学习 UNIX 系统中的常用计算工具 dc（desktop calculator）。

其实，前面提到的 Perl 代码并非亚当·贝克一人所写，而是几名黑客随时提供创意而共同编写的，其中一员是肯·皮兹尼程序员。GNU 的 dc 工具虽然很少能应用于实际编程，但其自带栈，所以提供了不少学习内容，而它就是肯·皮兹尼开发的。

▲自由软件运动的旗手——GNU 的 Logo（www.gnu.org）

与我们平时使用的计算器类似，dc 接收数字和运算符号后，经过计算再返回结果。特别之处在于，dc 具有与众不同的数字和符号接收方式。请思考如下算式。

3+4×5

大家应该都能算出，上述式子的结果是 23。但用括号将前面两个数括起来，结果就大不一样。

$(3+4)\times 5$

此算式的结果是 35，因为要先进行 3 加 4 的运算，再进行与 5 相乘的运算。我们已经熟悉了这种标记法和符号，所以像 3 + 4 的运算中，会自然地认为两个运算数应当摆放到运算符两侧。不过细想可知，并非一定要采用这种方式。

▲ Jan Lukasiewicz（www-gap.dcs.st-and.ac.uk）

20 世纪 20 年代，波兰数学家 Jan Lukasiewicz 对人们常用的标记法产生了怀疑。他认为，运算数需要摆放到运算符两侧（常用方法）的标记法需要调节优先顺序，所以要引入诸如括号等繁琐的符号，所以非常不自然。为此，他想出了"波兰式"，将运算符置于最前，而将运算数至于其后。

波兰式的重点在于，无论多么复杂的计算，也不会因"优先顺序"

在运算符之间产生混淆。用波兰式表示上述算式如下。

```
×  +  3  4  5
```

算式中间部分的 +34 计算表示，将 + 后面的两个数 3 和 4 进行相加（+）。此计算得到结果 7，所以算式中的 +34 就会变成其结果值 7，那么整个算式就会缩减如下。

```
×  7  5（中间部分的 +34 替换为 7）
```

此算式表示，将运算符后面的两个数 7 和 5 进行相乘（×），其结果当然是 35。在学校学习过正规计算机课程的人也许还记得期中或期末考试中，遇到过将算式变为波兰式（或反向操作）的题目。

另外，还有一种标记法将运算数置于最前，而将运算符置于其后。因其表示方式是波兰式的逆向表示法，所以称为"逆波兰式"。UNIX计算器工具 dc 就是按照逆波兰式进行运算的，所以各位有必要正确理解此标记法。

使用 UNIX 的读者登录系统后，在命令行模式输入 dc，启动该软件。

```
% dc
```

dc 启动过程中，请想象栈形式数据结构。每输入一个数值并按回车键时，该数值就会保存栈的最顶端。而进行相加（+）或相减（-）运算时，就会取出栈最顶端的两个数值（运算符需要两个运算数时）。进行运算后，将结果再次保存到栈的顶端。（因此，结束运算时，栈的大小就会减 1。）下面以 dc 实际运行过程为例，准确理解栈的运算过程。

```
%dc  ↵
4 ↵
5 ↵
f ↵      ----> 输出栈当前状态的命令
5
4
```

首先，在 UNIX 命令行模式输入 dc 并按回车，dc 启动后等待用户输入（基本是没有任何提示符的状态）。上图示例中，向栈输入 4 和 5 后，执行输出栈当前状态的命令 f。执行结果是，将栈中数值按照自上而下的顺序输出到显示终端。请注意，最后输入的数值会保存到最顶端。（讲解栈时，通常会以码放在一起的盘子类比。最后拿来的盘子往往会放到最顶端，这种码放方式与栈非常类似。）

| |
|---|
| 3 |
| 2 |
| 1 |

例如，将 1、2、3 按顺序输入栈时，保存到栈的形态如上页下图所示。
下面，在保存 4 和 5 的栈中执行两数值相加运算，再输出栈的状态。
结果如下。

```
%dc ⏎
4 ⏎
5 ⏎
f ⏎
5
4
+ ⏎        ----> 执行加法运算的命令
f ⏎        ----> 输出栈的当前状态
9
```

执行加法运算时，dc 程序会从栈的最顶端开始按顺序取出两个数
值（示例中是 4 和 5），之后对两个数值进行运算（示例中是加法运
算），并将结果再次保存到栈。可以看出，为了处理一个简单的命令 +，
dc 程序进行了 4 次运算。

```
pop         -- 取出栈最顶端保存的数值（示例中的 5）。
pop         -- 取出栈最顶端保存的数值（这次是 4）。
add 4, 5    -- 将取出的两个数值进行相加。
push 9      -- 将结果（9）保存到栈。
```

讲解中的 pop 命令从栈取出最顶端数值，push 命令将数值保存到
栈最顶端。

我阅读《C程序设计语言》时才第一次接触"栈"和"队列"，那也是我生平第一次学习（自学）程序语言。当时对数据结构没有什么了解，所以看到"栈"和"队列"时，我认为这是两个非常了不起的算法。之后系统学习数据结构的过程中才了解到，"栈"和"队列"是出现在教科书最前面的"基础知识"。

随着编程经验的丰富，我日益感到栈实现的LIFO算法的重要性。LIFO算法虽然很简单，但具有丰富的意义和绝妙的运行机制，所以实际编程中很常用。很多编程语言内部都在使用栈，甚至已经开始出现硬件不使用寄存器而改用栈的"栈计算机"。（围绕"栈计算机"的学界争论十分激烈，用一本书也不能完全记录。）进行多线程编程或CORBA等分布式网络编程时，也需要准确理解栈的结构和运行方式。

若栈是精心安排的"舞台"，那么逆波兰式就相当于在这个舞台展开的"表演"脚本。利用逆波兰式和栈进行的"表演"有HP的袖珍计算器、PostScript语言、Fourth、帕斯卡的P-系统、Smalltalk语言以及Java字节码等，都是比较著名的"作品"。

既然前面已经练习过波兰式，下面就针对逆波兰式进行练习。请用逆波兰式表示如下公式。限时6秒。

$$A + B - C$$

首先，将 $A+B$ 表示为逆波兰式，则有 $AB+$ 。接下来，需要从

$AB +$ 减去 $C$，最终公式如下所示。

$$AB + C -$$

我们已经学习了递归、欧几里得算法、RSA 算法、栈、逆波兰式等内容，为读懂 3 行 Perl 程序做好了准备。

# 3.8

# 赏析黑客们的诗

本节相当于本章附录，各位选读即可。若打算学习本节内容，建议大家不要躺着阅读，最好坐在舒适的沙发上（脑海中想着 Jon Bentley 的问题），手里拿一支可做记录的荧光笔。

这些说明摘自亚当·贝克的个人主页（http://www.cypherspace. org/~adam/rsa/story2.html），为保留作者本意，翻译时尽可能采用了直译的方法。如果各位感到译文不够顺畅，请访问亚当·贝克的个人主页，直接阅读英文原文。

需要事先声明，这些内容的难度为 5 星，可能是本书算法中最难、最不易理解的。对于不了解 UNIX shell 和 Perl 语言的读者，以及算法设计能力比较一般的读者，这个说明本身"十分混乱"。而提供这些说明的目的也并不是想让读者们理解每一行内容。

虽然我尽全力进行了代码分析，但也没能完全理解 3 行 Perl 程序的全部内容（大概理解了 90% 吧）。不过，反复阅读代码和注释就会产生新的理解。每当此时，心里不由得感叹算法的"精妙"。因此，虽然篇幅较长，但为了满足大家旺盛的好奇心，我还是收录了全文。希望各位不要有太大压力，轻松阅读下列注释。（看到程序就能马上理解的人的确值得骄傲，但即使没能立刻理解程序含义，也不会被认为是没有能力的程序员。）

```
#!/bin/perl -sp0777i<X+d*lMLa^*lN%0]dsXx++lMlN/dsM0<j]dsj
#
# 使用方法：
#
#   rsa -e -k=public-key -n=rsa-modulus < msg > msg.rsa
#   rsa -d -k=private-key -n=rsa-modulus < msg.rsa > msg.out
#
# 不久前，肯（为了缩小几字节）将表示加密的 -e 视为默认操作，免去了必须将
#   -e 作为选项提供的麻烦。
#
#
#   rsa -k=public-key -n=rsa-modulus < msg > msg.rsa
#   rsa -d -k=private-key -n=rsa-modulus < msg.rsa >
#   msg.out
#
#   不过，两个参数 -d 和 -e 现在都不需要了。若使用杰伊的分块化方法，加密和解
#     密只不过是使用不同秘钥的同一运算过程。因此，使用方法可简化为如下形式。
#
#   rsa -k=public-key -n=rsa-modulus < msg > msg.rsa
#   rsa -k=private-key -n=rsa-modulus < msg.rsa > msg.out
#
# 令人惊奇的是，两个版本都支持以前的使用方法！因为没有使用（以前的版本省略
```

了（@ARGV=($k, $n)），而使用 -x=exp）特拉维斯·库恩的黑客攻击方法，所以不支持旧版本。）

\#

\# 杰伊的分块化方法虽支持以前的版本，但不支持加密代码，所以不能应用于解密文件。

```
#!/bin/perl-sp0777i<X+d*lMLa^*lN%0]dsXx++lMlN/dsM0<j]dsj
```

\#

\# -s was contributed by Jeff Friedl a cool perl hacker
\# 实力超凡的 Perl 黑客杰夫·弗雷德提出了 -s。

\#

\# -k=key 和 -n=modulus 由特拉维斯·库恩完成。
\#（杰夫为了仅允许 -d 和 -e 而提出了 -s。（-d 和 -e 使用至今，现因重复，故不再使用。））

\#

\# -i 由乔伊·赫斯提出，不得不说，这是一个非常让人佩服的技巧。通过此技巧可以将 -i 后面的字符串设置为 Perl 变量 $^I 的值。$^I 属于 dc 命令的一部分，用于实际代码的后半部分。如果将说明文件中的（--export-a-crypto-system-sig...）忽略，会使代码更长，但这么做不仅可以使代码在 #!/bin/perl 之后，而且可以使（在当前代码中分离的）注释意义更正确。可以说，这是非常重要的贡献。（考虑到另一个修改项 -p 和 -0777 可以开始加密重要过程，这种贡献的重要性也就更加凸显）。

\#

\# 几乎与乔伊添加 -i 同时，我本人也添加了 -p 和 -0777。-p 表示保存打印命令，是杰伊分块化方法使用的选项之一。-0777 是 under $/ 或"无处理行"的简化表示法。即 $/ 是区分行的行分隔符，而 777 是能够使 Perl 一次性读入标准输入内容的尚未定义的值。$_=<> 这样的内容并不一定要明确编码，（此处的 <> 与表示伪文件 ARGV 的 <ARGV> 具有相同意义。<ARGV> 表示标识符后面的文件，而没有跟随的文件时，表示标准输入。）因为 -p 会自动执行如下内容。

```
$/=unpack('H*',$_);
```

\# 我们会记得使用了 -p 标识符和 -0777 标识符。

\# 同时声明两个标识符后，$_ 会在此保存整个标准输入。因此，上述命令行会将标
  准输入转换为 16 进制数值，并保存到变量 $/（为了报文）。之所以不使用 $m 这
  种普通变量而使用 $/ 这种 Perl 变量，是为了节省 1 字节，这是杰伊提出的非常
  绝妙的黑客攻击方法！（请记住，这种重复利用 $/ 的方法非常安全。程序已处理所
  有输入，所以不再需要变量 $/。因为程序已经读入所有标准输入，并保存到变量
  $_。）这种黑客攻击方法之所以能够节省 1 字节是因为，$/ 之后的任意字母或数
  字都可以写成中间无空格的形式。此时，字母或数字式的字符不会被视为变量 $/
  的部分变量名。因此，能够如下节省 1 个空格。

\#

\#     ...16dio\U$k"SK$m SM$n...

\#                        ^

\#     ...16dio\U$k"SK$/SM$n...

\#

\# 如果写作 $mSM，Perl 就会将 mSM 视为 ${mSM} 形式的变量名！

```
$_=`echo 16dio\U$k"SK$/SM$n\EsN0p[lN*1
    lK[d2%Sa2/d0$^Ixp"|dc`;
```

\# 之后的字符串会通过管道输入 dc。以 #！开始的行中，-i 之后表示 dc 命令的字
  符串会代替 $^I 字符串的内容。

\#

\# 将 $^I 扩展，传递到 dc 的字符串会有如下内容。

\#

\# 16dio\U$k"SK$/SM$n\EsN0p[lN*1

\# lK[d2%Sa2/d0<X+d*lMLa^*lN%0]dsXx++lMlN/dsM0<j]dsjxp"

\#

# 接下来是真正发生实际效能的部分。将这个程序完全视为 Perl 程序其实并不准确，因为程序越来越紧凑，大部分代码目前并不像 Perl 代码，而大多数代码在 dc 层面完成。可以看出，dc 十分简洁。

\#

# 之前的语句（$^I 扩展后）可以使用如下。

\#

#     $_=`echo exp|dc`

\#

# 这会使 $_ 的值变为包含 dc 命令语句的字符串。不过，dc 接收这些字符后，会经过几个确认步骤。（Perl 表达和 shell 查看）

\#

# 首先，Perl 会用 Perl 变量中的值替代变量本身，所以会用（扩展为 16 进制报文的）$/、（命令行中给定的键值）$k、（命令行中给定的 rsa 模式名）$n 等的值替换。之后的 \U...\E 会将 16 进制数值变换为相应的大写文字。（dc 会将小写文字视为命令，所以此过程非常必要。）" 会传递给 shell（我认为），遇到换行或 ^ 以及两个 < 符号时，防止让 shell 误认为是前命令语句的替代命令（^）或输入的重定向（<）。

\#

# $k 和 SK 之间的 " 也被重载。前引号应当来到第一个 < 之前的某个位置，而此处，它处在 $k 和 SK 之间，使 Perl 没有将字符解释为不存在的变量 ${kSK}，否则还需要添加 1 个空格，所以此处也节省了 1 字节。杰伊在前面提出的单字符变量在此处根本行不通，因为变量名 k 已经在命令行的 -k=key 中定义过。（没有简略编写为 rsa-k=11-n=cal 这种形式，而写为 rsa  -;=11-n=cal 的形式时，只能采取这种方法。）

\#

# 因此，通过这种过程后，dc 实际接收的字符串形态就是（将名为 AAA 的 ascall 码文件加密后的）$/=414141、（16 进制的 RSA 键值）$k=11 以及（16 进制的模数）$n=cal。

\#

```
# 16dio11SK414141SMCA1sN0p[lN*1
# 1K[d2%Sa2/d0<X+d*lMLa^*lN%0]dsXx++lMlN/dsM0<j]dsjxp
#
# dc 虽然能够识别换行符，但会被忽略。" 可以防止 shell 不将换行符视为命令语
#   句的结尾，而只回应程序的一部分，然后发出下一个命令语句。若发生错误，（在
#   Perl 和 shell 扩展变量前）则返回程序字符串。
#
# 16dio\U$k"SK$/SM$n\EsN0p[lN*1
# 1K[d2%Sa2/d0<X+d*lMLa^*lN%0]dsXx++lMlN/dsM0<j]dsjxp"
#
# dc 命令可分为如下形式。
#
#
# 16dio          # 请求 16 进制数值输入和输出。
#
# \U$k"SK        # 有了 \U 之后，Perl 开始将字母转换为大写字母。
#                # " 符号被 shell 删除。因此，此命令会将键值 $k 保存到
#                  dc 的寄存器 K。（准确地说，命令语句 S 会保存到 dc 的栈 K。
#                  因为当前处在 Perl 的大写字符串领域 \U...\E，所以即
#                  使写成 sk，Perl 也会将其转换为 SK。而 K 又能像寄存
#                  器那样可以与 1 同时使用，所以不会有什么影响。）
#
# $/SM           # 请记住，$/ 是 16 进制的标准输入。如前所述，为了节省
#                  1 字节而放弃使用 $m 这种普通变量名，改用 $/。此部分
#                  会被 Perl 变换为大写字母，所以会使用栈。
#
# $n\EsN         # 标记大写区域的末端（\E），并将（命令给定的 rsa 模数名）
#                  $n 保存到 N。使用大写字母 N 只是为了保持一贯性。至此，
#                  我们已经脱离了大写字符区域 \U...\E，所以可以使用小
```

<blockquote>写字母 n。</blockquote>

\#

\# 0p                 \# 为了后面的操作，保存 0。[1]

\#                     \# 为了后续操作，输出 "0\n"。[2]

\#

\# 递归调用的主函数是 "j"。

\#

\#

\# [lN*llK[d2%Sa2/d0<X+d*lMLa^*lN%0]dsXx++lMlN/dsM0<j]dsj

\#

\# 此命令编写形式如下。

\#

\# [code-for-j]dsjxp

\#

\# 这表示将给定字符串保存到栈后，执行 dup(d) 并将结果保存到寄存器 j。然后对因执行 dup 而留在栈中的副本进行 execute(x)，最后通过 result(p) 输出结果。

\#

\# 下列表示更能突出要表达的意思，但为了节省 1 字节的空间，使用了前面的表示方法。

\#

\# [code-for-j]sjljxp

\#

\#

\#

\# [lN*llK[d2%Sa2/d0<X+d*lMLa^*lN%0]dsXx++lMlN/dsM0<j]dsjxp"

\#

\# 函数 j 将之前的结果接收为参数。此处需要简单讲解杰伊的分块化方法。首先，对 RSA 进行简单说明。

```
#
# RSA 加密就是计算 m^e  mod  N，即求出 m 的 e 次方除以 N 的余数。用 Perl 语
  法表示如下。
# (**=exponent, %=modulus)
#
#   C = M ** e % N
#
# M 是（被 RSA 求模后变为小于 N 的数值）原来的报文，e 是公开秘钥的一部分——
  指数，N 是 RSA 的模数，而 C 是表示被加密文档的符号。
#
# 解密过程中，用私有秘钥的一部分 d 代替 e，将 d 视为指数，进行相同运算。用
  Perl 语法表示如下。
#
#   M = C ** d % N
#
# 请注意，其结果可能是一个非常大的数值。为了加强安全性，RSA 中的 N 会使用
  1024 位组成的数值。
#
# 因数值非常大，所以不能采用通常的方法，即先求 tmp=(M**e)，再求
  C=tmp%N。而应该选择效率更高的算法，否则此计算过程可能不会结束。（这种说
  法毫不夸张。为了计算巨大的键值，可能耗费几百年的运算时间。）
#
# 高德纳阐述了一种能够高效完成模数运算的方法。以下是说明此方法的伪代码。
#
#   $ans = 1;
#   $kbin = split(/./,unpack('B*',pack('H*',$k)));
#   for ($i=0; $i<$#kbin; i++)
#   {
#       $ans = $ans * $ans % $N;
```

```
#        if (substr($kbin,$i,$1) == 1)
#            { $ans = $ans * $M % $N; }
#        }
#        return $ans;
#
```

\# 此代码只能在 $N 值较小的情况下正常运行（我并未亲自测试），因为 N 很大时会
  发生溢出。1024 位表示 128 字节，而大多数计算机中，整型数的大小只有 4 字节。

\#

\# 我们的 Perl 代码实现前半部分的模指数算法。

\#

\# 接下来转到分块化方法。基本运算 (M\*\*K%N) 取决于（表示为比 N 更小的数值）
  报文 M，如果报文比 N 大，则必须分割为几个比 N 小的碎块。

\#

\# 这种分割后的块几乎不能在应用软件中得到利用。通常，RSA 与传统加密法相结
  合，应用于混合性加密系统。这就是 PGP 的运行机制。PGP 使用 IDEA 传统加密法，
  而 RSA 会应用于加密会话层秘钥部分。只要使用典型大小的秘钥，会话层秘钥即
  可添加到一个块。（若秘钥大小小于 1024，则 RSA 会认为此秘钥不安全。）

\#

\# 为了测试，此程序（Perl 程序）使用了小于 1024（所以安全性稍显不足）的秘钥，
  所以需要允许多个块。

\#

\# 不仅如此，还有几个安全相关事项。仅使用 RSA 时，为了提高安全性，需要执行
  链接（chaining）。但此 Perl 程序并没有实现链接功能，几个块的分割只是为
  了能够使几个小的测试数值正确运行。Perl 程序本来就不应该与链接的几个块一
  起使用（为了减小大小而牺牲了效率和安全性）。

\#

\# 为了加密会话层秘钥，RSA 与一个块一起使用时，会向会话层秘钥（即报文）内部
  植入任意一个数值，以抵御其他类型的攻击。此处介绍的 Perl 程序并不具有这种
  防范机制，不过并不限制用户修改程序。例如，将此脚本程序与 pgpacket 以及

以 8 行 Perl 代码构成的乔恩·艾伦的 md5 相结合，即可编成能够与 PGP 兼容的签名脚本。

\#

\# 通常使用的分块化方法中，向 N 放入能够接收的最大字节数，即向各分块装载 `floor(log256(N))` 字节。这意味着报文的大小会增大，也意味着解密时需要按照适当方式删除分块。

\#

\# 这就是此程序所有版本中使用的分块化方法。杰伊亲自动手，改变了一切（同时节省了很多字节）。

\#

\# 杰伊的提议之一是，为了将报文分解为比 N 更小的分块，而要使用基数 N。这会在 dc 内部实现，所以从数学角度看会更加简洁，也为节省大量字节而做出了不少贡献。这种使用基数 N 的程序与前一个使用分块化方法的版本会输出互不兼容的结果。

\#

\# 现在返回 dc 代码查看函数 j。

\#

\# 函数 j 如下所示。

\#

\# `[lN*llK[d2%Sa2/d0<X+d*lMLa^*lN%0]dsXx++lMlN/dsM0<j]dsjxp"`

\#

\# 函数 j 会将当前运算结果（即留在栈中的值）视为参数。杰伊的分块化方法首先会将当前值乘以 N，然后保存到栈。此时需要注意，加密后的分块会按照与原分块相反的顺序进行保存。但解析过程中会纠正顺序，所以不必担心。像这样放任相反顺序的做法也能节省几字节（这种放任相反顺序而节省字节的想法也是杰伊提出的）。

\#

\# `function j broken down:`

\# j 函数可以分为如下内容。

\#

\# `lN*`　　　　　\# 当前结果值乘以 N 后，为了以后再用，将结果保存到栈。[3]

```
#
# 1              # 为了以后再用，栈中保存 1。[4]
#
# 1K             # 将秘钥 K 保存到栈。
#
# 此处调用函数 x。该函数可以将秘钥转换为二进制数值，并执行克努特的模指数算
    法。函数 x 在函数 j 的内部定义为内联函数，这种做法比起在函数外进行定义能
    节省几字节。
#
# 函数 x 代码如下所示。
#
# [d2%Sa2/d0<X+d*lMLa^*lN%0]
#
# 其中，不使用 [code-for-x]sXlXx 而使用 [code-for-x]dsXx，这样又能
    节省 1 字节。
#
# 函数 x 可以分为如下形式。
#
# d2%Sa2/d0<X    # 执行与 2 的求模运算，即除以 2 后求余，并将结果保存到栈
                    a。同时，用 2 相除后，若剩余秘钥值大于 0，则递归调用函
                    数 x。递归调用完全结束时，栈 a 中会保存二进制形式的秘钥
                    值。二进制数值的最右侧值会位于栈的最顶端。
#
#
# +             # 吞掉递归调用后剩下的 0。为了筹划第一次吞掉 0 的过程，向
                    函数 x 尾部添加 0。            [5]
#
# d*            # 前面 [4] 中保存的 1 用于将栈的初始位置初始化为 1。
#
```

```
# lMla^*      # 以优化方法对 M 进行相乘运算（栈 a 保存的二进制秘钥值中，
                根据下一位值的不同而产生不同效果）。使用 lMla^ 是杰伊
                的功劳，为此节省了 5 字节。此方法的运行原理就是上面提
                到的克努特算法，秘钥的下一位是 1 的情况下，ans 也需要
                乘以 M。而下一位是 0 时，lMla^ 乘以 1。而下一位是 1 时，
                乘以 M。
#
# lN%         # modulus N
#
# 0           # 此 0 为了提供前面 [5] 中被吞掉的 0。
#
# 函数说明到此结束，所以此函数将保存到 X，并被如下形式的命令调用。
#
# dsXx        # 调用 X。

# 对函数 j 的补充说明是，请记住因 ... [5] 而剩余的 0。
# +           # 吞掉因 [5] 而剩余的 0。显示已与 N 相乘的前面的分块。
#
# +           # 加上当前分块的结果。
#
# 开始部分的 [1] 中被保存的 0，因为起初需要将当前结果初始化为 0。
#
# lMlN/dsM    # 丢弃已处理的分块（M=M/N）。另外，dup(d) 会将为了进
                行下一次比较而计算的 M 保存到栈。
#
# 0<j         # 如果大于 0，那么为了以递归形式继续加密下一分块，
#             # 调用函数 j。
#
```

```
# 至此，函数 j 的内容已经定义完毕，它会被如下形式的命令调用。
#
# dsjx            # 调用 j。
#
#
# p               # 输出栈中剩余的结果。
#
# dc  字符串的结尾！
#
# 执行 dc 得到的结果，保存到 $_。现在返回 Perl 程序。


s/\W//g;


# 上述代码中，可以删除 GNU dc 输出的内容中包含的 "\\n"。
# 下列代码是 GNU dc 额外输出的数字。
#
# 0ABCDAFEAFDA98DFBCA134134123412341324098173049813 8904\
# BCA13413412341234132409817 3 04 98138904
#
# 上述代码中，可以删除末尾的 \ 和表示新行的字符。
# 前面的 p[1]（如下内容）需要删除空白字符（新行）。
#
# $_=`echo 16dio\U$k"SK$/SM$n\EsN0p[lN*1
#                          ^
# ]
#
# 上述内容为了实现如下表示方式。
#
#  /((..)*)$
```

#

# 输出 0 和回车符并执行 dc 后，以巨大的 16 进制数值输出运算结果。（如果使用
  GNU dc 则会分为几行，而且行尾可能附带 \s。）

#

# 删除空白字符的目的是，为了在不删除的情况下输出 "0"，或者输出 dc 结果值而
  前面需要添加 "0" 时，能够节省必要的字节数。

📖
—— 3.9 ——

# 2行RSA算法

不知各位如何欣赏前面的代码。反复阅读说明文字并在 UNIX 环境下运行过程序后，至少能掌握算法的整体流程。不过，即使理解了 3 行 Perl 程序也不要到处炫耀，因为最近"流行"的并不是 3 行算法，而是如下形式的"2 行"算法。

```
print pack"C*",split/\D+/,`echo"16iII*o\U@{$/=$z;[(pop,pop,unpa
ckH*",<>)]}\
EsMsKsN0 [lN*llK[d2%Sa2/d0<X+d*lMLa^*lN%0]dsXx++lMlN/dsM0<J]
dsJxp"|dc`
```

看到这里，各位也许会感到，好不容易打倒的"终结者"又浴火重生了。请已掌握 3 行算法的读者再挑战一下 2 行算法吧！实际编程过程中，我们往往会遇到编写得"一塌糊涂"的代码（虽然可能不会到这种程度），并需要在没有任何提示的前提下进行调试。

但是，假如已经能够解读这种程度的 Perl 代码，那么那些调试根本不成问题。

第 4 章将解读著名的"N 皇后问题"。

# 第4章

## 古典音乐带来夜晚安逸

结束一天的工作后，我在回家的路上经常收听电台播放的古典音乐。一曲终了，主持人会用宁静而温柔的声音介绍演奏者和乐曲背景。每当听到这种声音和这些说明，我总是感到非常新奇。因为每首曲子都那么长，都有自己的曲名或者曲号，都有演奏者和背后的故事。本章以"N皇后问题"为中心，介绍Jeff Somers的"回溯算法"。每种算法也有自己的名称、演奏者（程序员）和故事，这比古典乐更有意思、更神奇。

# N皇后问题

20 世纪 60 年代末，肯·汤普森因发明 UNIX 系统和 B 语言（后来的 C 语言）而被誉为 "UNIX 之父"，他也是一名骨灰级的国际象棋 "发烧友"。2000 年，肯·汤普森从朗讯贝尔研究所退休，他不仅是编程领域中数一数二的超实力派程序员，其国际象棋实力也得到世人公认。

C 语言开发者丹尼斯·里奇也曾在贝尔研究所工作，作为肯·汤普森的同事，他的编程实力也不在后者之下。与单独工作相比，丹尼斯·里奇和肯·汤普森在协同工作时的能力更强。看来，UNIX 和 C 语言能够很好地匹配绝非偶然。肯·汤普森回顾与丹尼斯·里奇一起做过的工作时，曾谈及这样一件轶事。

他们二人虽然是一对 "梦幻" 组合，但因未能协调的缘故，共同开发的软件中曾经出现过唯一一次空白。因此，肯·汤普森急忙编写了 20 多行汇编代码。碰巧的是，丹尼斯·里奇也同时发现了问题，并急忙编写了汇编代码。肯·汤普森比较了自己的代码和丹尼斯·里奇编写的代码，令人惊奇的是，居然连一个符号都没差，整个代码完全相同。

▲肯·汤普森与丹尼斯·里奇（www.english.uga.edu）

与 C 语言或 Java 程序语言不同，汇编代码与二进制代码近似，能够表现个人编码风格的余地相对较少。即使如此，20 多行代码完全一致就表示，开发过 UNIX 和 C 语言的两位高手的编程风格、做法以及解决算法的方式非常相近。

查尔斯·巴贝奇、阿兰·图灵、冯·诺依曼、约翰·麦卡锡等天才都在计算机历史的长河中留下了不朽的功绩，他们都热衷于游戏，而肯·汤普森也是一名游戏天才。仔细一想，"游戏"也是在一定的规则范围内对发生的种种变化进行操作。从这一点看，游戏与编程没有什么不同。而从广义上讲，计算机编程也属于"游戏"范畴。

本章介绍的算法虽然围绕国际象棋展开，但其实与国际象棋没有太大关系。问题本身虽然简单，但根据解释算法的力度，结果可能很短，也可能很长。基于这种原因，此题经常出现在 IT 公司的面试中。这种题目通常称为"N 皇后问题"，具体内容可定义为如下形式。

"$N \times N$ 大小的棋盘中，共有多少种能够相容放置 $N$ 个皇后的方法？"

正规学习过算法的人应该都听过这个问题。解决此题的算法核心可以归纳为"回溯法"（backtracking），回溯法常常与排序算法中经常出现的递归或分治法共同使用，广泛应用于搭建各种算法。

▲电影《哈利·波特》中的一个场景，孩子们后面站着的骑士雕像源自国际象棋中的形象（©Warner Brothers）

没有解过此题的读者可以在白纸上画出 8×8 大小的棋盘，然后用铅笔（需要时可以随时擦掉）再画上 8 个"皇后"。国际象棋中的"皇后"不仅和象棋中的"车"一样可以前后左右移动，还可以在对角线方向移动。"她"是国际象棋中最强的战士，所以可以将"N 皇后问题"理解为，摆放"皇后"，使其在行、列、对角线上不与其他"皇后"发生冲突。

# 通过肉眼解答N皇后问题

为了正确理解题意，首先研究在 $4 \times 4$ 大小的棋盘上摆放 4 个"皇后"的问题。开始解难题前，先利用简单的题掌握正确概念。为便于说明，对每个格子标上 $(i, j)$ 形式的坐标。

| (1, 1) | (1, 2) | (1, 3) | (1, 4) |
|--------|--------|--------|--------|
| (2, 1) | (2, 2) | (2, 3) | (2, 4) |
| (3 ,1) | (3, 2) | (3, 3) | (3, 4) |
| (4, 1) | (4, 2) | (4, 3) | (4, 4) |

如图所示，$i$ 表示从上到下的行号，$j$ 表示从左到右的列号（与高中学过的"行列"相同）。

首先，将第一个"皇后"放在 (1, 1) 的位置，以此开始解题之旅。

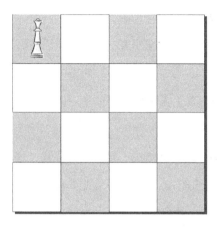

由上图可知，第二个"皇后"不能放在第一行，所以应当在第二行找一个位置。而 (2, 1) 和 (2, 2) 位置恰好在第一个"皇后"的行进路线上，所以第二个"皇后"只能放在 (2, 3) 和 (2, 4) 当中的一个格子上。那么，先将第二个"皇后"放在 (2, 3) 上，如下图所示。

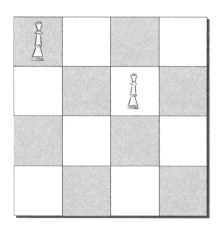

接下来需要摆放第三个"皇后"。请在第三行逐格确认，有位置可

以摆放"皇后"吗？若放在 (3, 1)，那么第一个"皇后"会"挥动着刀枪杀过来"；而放到 (3, 2) 时，第二个"皇后"会"拿着刀向左下对角线劈过来"；至于 (3, 3) 位置，第二个"皇后"连刀枪都用不着，"一伸脚就能踢过来"。在第二个"皇后"的刀光下，(3, 4) 位置也不安全。那么，在 4×4 的棋盘上无法解出"N 皇后问题"吗？

当然不是！还剩下一种方法。在前面 (2, 3) 和 (2, 4) 的选择中，我们只选择了 (2, 3)。之后既然找不到下一个位置，那么还可以返回起初的选择过程，重新选择 (2, 4)。请注意此处使用的"返回"一词。我们早晨起床还没有完全睡醒的状态下，穿衬衫的时候常常会系错扣子。遇到这种情况，人们会从最底下开始一个一个解开扣子，并"返回"上面发生错误的地方开始修正错误。这种"返回"起始部分并再次尝试尚未搜索路径的方法就是"回溯法"。

根据回溯法，如下图所示，将"皇后"从 (2, 3) 位置改放到 (2, 4)。

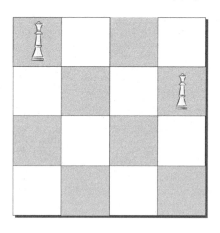

下面再次确认第三个"皇后"的摆放位置。

位置 (3, 1) 依然是第一个"皇后"的势力范围，所以不能摆放到此。而位置 (3, 2) 已不同于上面的情况，变得安全。请各位自行确认，此位置上的"皇后"能否躲过第一个"皇后"和第二个"皇后"的攻击。现在，可以放心将第三个"皇后"摆放到 (3, 2) 位置。

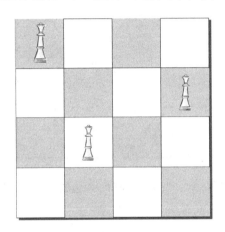

至此，剩下最后一个"皇后"的位置，但此时根本不存在能够摆放第四个"皇后"的位置。在 (4, 1)、(4, 2)、(4, 3)、(4, 4) 位置上都无法躲避三位"皇后"的强力攻击，那么，在 4×4 棋盘上真的不能摆放互不攻击的 4 个"皇后"吗？是的，非常遗憾，目前无法在 4×4 的棋盘上摆出 4 个"皇后"。

看到"无法摆放"的答案后，心想"哦，原来是这样啊"的读者，非常抱歉，您被我的玩笑蒙骗了。请再次认真思考"回溯法"，看看是否还有我们没有搜索过的路径。

一时想不到的读者可以返回刚开始的部分，思考"首先，将第一个'皇后'放在 (1, 1) 的位置，以此开始解题之旅"。利用"回溯

法"时也可以返回开头，将 (1，1) 位置的"皇后"摆放到 (1，2) 的
位置。

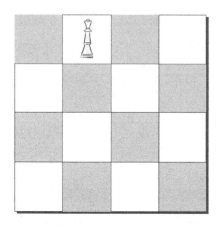

　　接下来，将第一个"皇后"移向旁边的格子 (1，2) 后，重新开始
搜索。

　　这种情况下，第二个"皇后"只能摆到 (2，4) 位置，因为其他位
置都是第一个"皇后"的"严密控制区"。

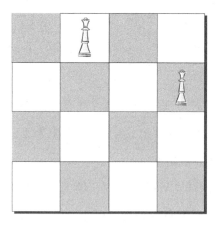

第三个"皇后"也只能摆放到一个位置，即 (3, 1)。其他位置都被第一个和第二个"皇后"控制。

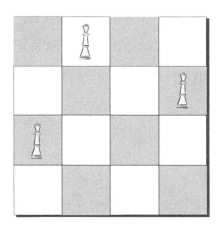

第四个"皇后"也只能放在唯一一个安全位置，即 (4, 3)。

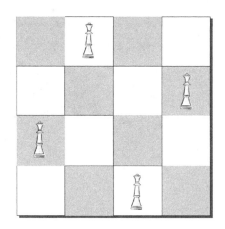

至此，我们终于解开了 $N = 4$ 时的"N 皇后问题"。如果我们的人生也像回溯法那样可以"返回"并重新开始，该多么有趣啊。若真能"返回"，就可以挽留离开的那个人，也可以更加努力地学习，多读书、

少喝酒，总之会更加积极而努力地生活。不幸的是，人生并不是能够"返回"的"算法"。

从某种角度上讲，这种不幸也可能是一种幸运。很多人在只有一次的人生中也不全力以赴，这样就更能证明这句话的正确。从这一点上看，若人生是一种随时可以"返回"的算法，那么认真对待生活的人会更少。

# 4.3

# 藏在问题中的分立的算法

大家小时候应该都玩过"迷宫"游戏吧？沿着迷宫中的路一直走下去，出现岔口就选择另一条路继续走。遇到死路就"返回"，在没走过的路中选择一条继续尝试。没有太多思考的人可能还会选择已经走过的道路，等到发现时就会说一句"哎哟，走过了啊"，并再次返回。这种迷宫游戏就是生活当中的回溯法。

实际编程中，设计新算法时，为了找出隐藏的 Bug，我们潜意识里也会使用"回溯法"。首先确认自己以为的方法是否合理，无法继续使用这种方法时再"返回"，重新思索新的方法。这是我们最常用的，也是最自然的方法。

我工作过的朗讯公司 1996 年从 AT&T 公司分离，主要制作网络硬件和软件。从 AT&T 公司分离时，朗讯公司在全球的员工超过 13 万人，规模巨大。不过，2000 年开始，全球市场萧条，导致如今的员工数约为 35 000 人（最终，2006 年被合并为阿尔卡特 – 朗讯）。

市场萧条和随之而来的"结构调整"风暴中，每个员工都承受了常人难以想象的工作压力。更艰难的是，不少负责软件开发和管理的程序员都离开了公司，所以剩下员工的工作量越来越多，任务也越来越复杂。

新负责的软件出问题时，最好能够通过读取日志和源代码进行简单处理，而很多问题都不能那么顺利而轻松地得到解决。尤其是通过RMI 或 CORBA 调用远程对象的方法时出现 Bug，或多线程的细微时间差导致 Bug 时——加上这些又都是别人设计开发的组件——这些问题就更难解决。

如果不能正确理解设置程序运行环境的数十个 UNIX 脚本、配置文件、C 语言编写的执行文件以及 Java 程序等的相关性，那么在复杂的分布式环境中，找出 Bug 就像"以头撞地"一样惨烈。

多线程同时运行的分布式环境中发生的 Bug 特征在于，它并不总是露出身影，而是在特定情况下短暂出现，之后又会无影无踪。测试人员或客户发现问题并报告时，需要在开发环境中重现问题才能进行调试，但实际业务中经常无法重现。

有些问题即使不经常发生，但考虑到软件品质和顾客满意度，也必须进行解决。而许多程序员被工作压迫着，无法腾出更多时间，此时就会想借口问题"无法重现"一带而过。他们心里想着"的确有问题"，而表面却若无其事，试图通过这种方式摆脱当前的"困境"。

也许很多人会想"不至于吧"，但的确有很多程序员会屈服于这种"心魔"。我们使用软件时遇到的 Bug 中，程序员明知其存在的超过一半。（其中还包括并非"故意"，但确实无法进行现实修复的 Bug。）

没有太好的办法时，我会利用简单的 UML，在一张超大的白纸上密密麻麻写出问题相关的对象、方法以及各种参数。将能够影响程序执行环境的参数、与发生问题的部分相关的脚本、配置文件等全部记录后，努力理解程序整体流程。（围棋高手掌握整盘棋的局势时，不会理会细节部分，而是努力感知全局。）

需要反复了解哪个阶段生成怎样的线程、何时结束、共用线程和对象的是哪些主体等信息。掌握整体流程后，开始查看每个对象包含的局部算法。一般的程序 Bug 会无法忍受这种"地毯式搜索"，从而跳出来"自首"。

归根结底，这种搜索方法也属于广义上的"回溯法"。不同的是，此处所讲的并不是算法范畴，而属于方法论范畴。方法论在面对多种路径时，会逐个确认能否走通，这在设计大型软件、实现复杂算法、找出深层 Bug、追求心上人等场合非常有用。

曾经有位篮球教练在比赛过程中带着深沉的表情召集全体队员，并下达了如下"作战"命令："现在开始，防守队员彻底防守对方，进攻队员要认真进攻。"

"面对多种路径时逐个确认能否走通"，这句话就像篮球教练的指导一样，堪称"说了等于没说"的"废话"。其实不然。假如有 10 条路，很多人只会走完其中的四五条，之后如果还找不出正确路径，就会直接放弃。


"It's not doable."（那是不可能的事情。）


各位如果将这句话在一年内说过三次以上，那么那些"不可能的事情"中，至少有一半是你无法抵抗"放弃"的诱惑，"屈服"于自我意志造成的。若果真如此，我劝你与其读一本技术书，还不如先反思自己能否称得上是"专业"程序员。

比较了解数据结构的人可能感到前面提到的回溯算法原理与树或图的搜索原理非常相近，尤其是树的深度优先搜索算法，在原理上与回溯法非常类似。下页图表示树或图中的深度优先搜索算法。

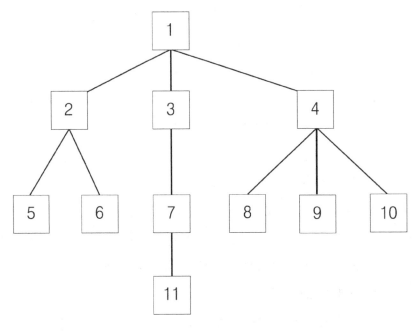

▲ 树搜索法

　　假设有如上树结构数据类型。深度优先搜索算法会从相当于树的根节点的 1 起始，按照如下顺序访问各节点。

```
1 — 2 — 5 — 6 — 3 — 7 — 11 — 4 — 8 — 9 — 10
```

　　按照图中顺序画出线条，就能掌握算法对各节点的访问顺序。求 "N 皇后问题" 的方法也会形成与之相近的树结构。

　　刚刚开展新项目时，为了选拔共同参与开发的人员，我面试过很多有经验的程序员。之前谈到的都是别人面试我时的经历，现在可以站在一个相反的角度观察问题。我对别人进行面试时，最后一个问题会让面试者编写算法，输出二叉树中保存的数据。

当时市场萧条导致各处大规模减员，所以很多人为了找到新的工作而纷纷参加面试。参加的人多了，就会遇到有趣（特别）的人。一位印度程序员在整个面试过程中都戴着墨镜，让人感觉非常没礼貌。他在个人简历中写道，曾参与过美国国防部的秘密项目。看到这里我暗自觉得十分可笑，便问他在国防部进行的是什么项目。他手扶了一下墨镜答道："军事机密，无可奉告。"

整个面试过程中，他一直环顾四周，并反复将手伸进西服口袋又抽出来。这位面试者体态瘦小，与"密探"的形象相距甚远。对我提出的"说明 Java 和 C++ 之间的差别"（最基本的问题）更答非所问，竟然开始讲起自己在美国国防部的经历。

另一位程序员更加特别。我面试别人时会准备几张事先编好的试卷，共 16 道题。开始部分很简单，越到后面越难。向程序员提出问题后，听到"正确答案"固然很好，不过我更注重答题者对待问题的态度。面对自己不会的问题时，沉着冷静尽全力作答比给出正确答案更使人信赖。

不过，大多数人遇到自己不会的题目时，还是会紧张。而我面试的这名程序员不仅惊慌失措，甚至开始"大发雷霆"。更让人不解的是，他不是偶尔发脾气，而是每遇到自己不会的题就生气。这种面试对象反而会使提问方紧张。我小心翼翼地给出他应当能够解开的问题时，对方甚至也会"发脾气"。最后，我"象征性"地提问：编写能够输出树结构中保存数据的算法。结果，他给出的答案真是"精彩绝伦"：

"Why are you asking me these questions？"

（你为什么总向我提出这种问题？）

　　回溯搜索树中，"叶"表示最终找到或找不到解。"迷宫游戏"中，遇到死路而无法前行的情况就属于此。前文对 $N = 4$ 的情况进行求解时，按照这种树结构进行了深度优先搜索。无法求出解，即没有找到摆放"皇后"的位置时，"返回"上一行搜索其他路径。这种返回前一行的过程，与对树结构进行深度优先搜索过程中遇到"叶"而重新返回父节点的过程基本相同。

📖

## 4.4

# 递归与栈

设计回溯算法时，最重要的一个环节就是，遇到死路而需要返回尝试其他路径的过程中，正确判断已尝试过的路径和没有尝试的路径。为了优化这种选择过程，有经验的程序员首先会想到递归或栈。

前面章节已经提到，递归同时具有优点和缺点。两年前，我利用 JavaScript 脚本语言编写过 XML 解释器。解释器虽然没有利用 DTD 或 Schema 验证 XML 语法结构的功能，但考虑到 JavaScript 是解释型而非编译型语言这一点，我编写的程序不仅速度较快，而且没有什么错误。（IE 浏览器等能够使用微软 Activex 控件的浏览器中，会提供更快、更精简的 XML 解释器 API。因此，JavaScriptXML 解释器并不是以实用性为目的的程序。）

下页代码介绍整个解释器的两个核心函数。JavaScript 语言与 C 语言或 Java 语言非常类似，不过 JavaScript 更加简单，也更容易理解。因此，（即使没有专门学过 JavaScript）要读懂这些代码并不难。为了减少篇幅，代码省略了对 Document 或 Node 等对象进行定义的部分，也省略了与 DOM API 提供的函数在实现方式上基本相同的函数部分。感兴趣的读者可以自行完成剩余代码，或者改进下列代码。

```
/**
 * XML 字符串解释器 API
 * 假如，inputString 是如下形式的 XML 字符串。
 *    <human>
 *      <name>Baekjun</name>
 *      <age>35</age>
 *      <height>176</height>
 *      <weight>secret</weight>
 *    </human>
 */
function parseXml (inputString)
{
    // 去掉 inputString 中的 "返回" 或 "标签" 等多余字符。
    this.xmlString = removeUnnecessaryCharacters
                     (inputString);

    // 创建新的 Document 对象。
    var newDocument = new Document ();

    // 此根节点只是象征性的存在。
    var rootNode   = new Node ();
    rootNode.setNodeName ("RootNode");
```

```
    // 真正的解释操作在 parseXmlString 中执行。
    parseXmlString (xmlString, rootNode);

    // 对 Document 对象设置根节点。
    newDocument.setRootNode (rootNode);

    // 返回保存已解释 XML 数据的 Document 对象。
    return newDocument;
}

/**
 * 此函数利用递归算法。
 */
function parseXmlString (xmlString, parentNode)
{
    var currentTagName = new String ();
    var hasAttributes;
    var hasSiblings;
    var currentNode;
    var siblingTags;
    var attributesNodeList;
    var indexOfOpenningTagStart;
    var indexOfOpenningTagEnd;
    var indexOfClosingTagStart;
    var indexOfClosingTagEnd;
    var contentInsideOfCurrentTag;
    var indexOfContentStart;
    var indexOfContentEnd;
    var indexOfSpace;
```

```
var lengthOfOpenningTag;

var lengthOfClosingTag;

var lengthOfContent;

var indexOfOpenningTagStart = xmlString.indexOf ("<");


if (indexOfOpenningTagStart != 0)
{
    // 发生了错误……执行错误处理操作。
}


// 在下列 else 语句中开始正式解释。希望各位脑海中想着简单的 XML 字符串，
    通过“肉眼”观察程序。
else
{
    indexOfSpace = xmlString.indexOf (" ");
    indexOfOpenningTagEnd = xmlString.indexOf (">");


    // 下列条件为真，表示标签中不存在属性。
    if (indexOfSpace > indexOfOpenningTagEnd ||
     indexOfSpace == -1)
    {
        hasAttributes = false;
        hasAttributes = false;
        currentTagName = xmlString.substr
                (indexOfOpenningTagStart + 1,
                 indexOfOpenningTagEnd - 1);


    }
```

```
// 执行 else 语句，表明正在处理的标签具有属性。
else
{
    hasAttributes = true;
    currentTagName = xmlString.substr
                (indexOfOpenningTagStart +1,
                indexOfSpace - 1);
    var lengthOfAttributes =
        indexOfOpenningTagEnd-indexOfSpace - 1;

    attributesNodeList = extractAttributes
        (xmlString.substr(indexOfSpace + 1,
        lengthOfAttributes));
}


indexOfClosingTagStart = xmlString.indexOf ("</" +
            currentTagName + ">");
indexOfClosingTagEnd = indexOfClosingTagStart +
            currentTagName.length + 2;
indexOfContentStart = indexOfOpenningTagEnd + 1;
indexOfContentEnd = indexOfClosingTagStart - 1;
lengthOfContent = indexOfContentEnd -
            indexOfContentStart + 1;
contentInsideOfCurrentTag = xmlString.substr
            (indexOfContentStart, lengthOfContent);

    // 为当前标签创建 node 对象。
    currentNode = new Node ();
    currentNode.setNodeName (currentTagName);
```

```
currentNode.setParentNode (parentNode);

if (hasAttributes)
{
    currentNode.setAttributes
    (attributesNodeList);
}
```

// 下列条件为真，表明向函数给定的 XML 块中，当前处理的节点是根节点。

```
if ((indexOfClosingTagEnd + 1) ==
    xmlString.length)
{
    hasSiblings = false;
}
```

// 下列 else 语句表示当前节点拥有兄弟节点。

```
else
{
    hasSiblings = true;
    siblingTags = xmlString.substr
                (indexOfClosingTagEnd + 1,
                xmlString.length);
}
```

// 下列 if 语句表示当前标签不是叶节点。

```
if (hasSubTag (contentInsideOfCurrentTag))
{
    // 递归调用函数。这是此算法的亮点!
```

```
        parseXmlString (contentInsideOfCurrentTag,
                        currentNode);
        if (hasSiblings)
        {
            // 请注意，存在兄弟节点时传递的参数会怎样变化。
            parseXmlString (siblingTags,
                            parentNode);
        }
    }
    // 下列 else 语句表示当前标签是叶节点。
    else
    {
        var textNode = new Text ();
        textNode.setNodeValue (contentInsideOfCurrentTag);
        textNode.setParentNode (currentNode);
        if (hasSiblings)
        {
            // 此处也是递归调用！
            parseXmlString (siblingTags,
                            parentNode);
        }
        return;
    }
}
}   // 函数结束。
```

XML 字符串中的标签个数在 100~200 时，此解释器的运算速度差强人意。而标签个数达到一定数量后，解释器的运算速度就会急剧下降。如前所述，函数的递归调用会利用系统内部的栈（这种情况下会使用 JavaScript 解释器的内部栈），因此，与直接在程序内部执行循环的方法相比，递归调用会降低程序性能。

查看下列示例代码。（此代码是完整代码，若复制包含脚本的全部 HTML 代码，则可在浏览器中直接运行。）

```html
<html>
<head>
<script>
function stackTest (n)
{
    if (n < 0)
    {
        return;
    }
    else
    {
        stackTest (n-1);
    }
}
</script>
</head>
<body>
<h3>stack overflow test</h3>
<a href="javascript:stackTest(340)">click here</a>
</body>
</html>
```

Windows 2000 系统环境中，用 IE5.5 执行此代码，结果发生栈溢出错误。但将传递给 stackTest 函数的数值从 340 减小到 300 时，不会发生错误。这表明，JavaScript 引擎使用的栈大小介于 300~340。像这样，使用递归函数不仅存在"速度"问题，而且存在"空间"问题。

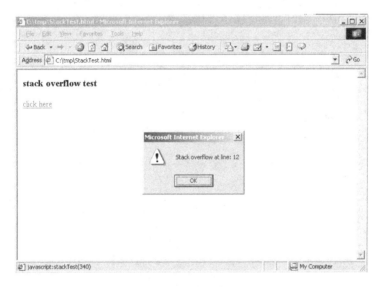

▲ JavaScript 栈溢出错误信息

# ─── 4.5 ───

# Jeff Somers的算法

我们之前围绕 N 皇后问题探讨了几种论点，下面开始介绍实际的程序。目前有很多种能够解决 N 皇后问题的算法，我自己也能编写。不过，为了提高各位的阅读兴趣，我还是选择了一个编写得比较有趣的程序。下列代码的作者是曾经在美国马萨诸塞州工作过的程序员 Jeff Somers。（我向 Jeff Somers 发了一封电子邮件，得到了他的许可。这真是个便捷的世界。）

我个人对编程最想强调的部分就是代码的可读性。即使代码性能再强，如果源代码乱七八糟，我都会无条件给零分。从这种角度讲，Jeff Somers 的代码也不能得到很好的分数。因为只要出现一个不能表示明确意义的变量名，就已经不能称为一个好程序。

但是，他的代码实现的回溯法不仅具有绝妙之处，还利用了位运算符和栈（而非递归）优化了算法的运算速度。读他的代码就像咀嚼着美味的"鱿鱼丝"，越嚼越香。他对可读性欠缺的部分认真加以"注释"，这一点也值得赞赏。

我完成本书构思后，执笔前做的第一件事就是阅读此算法。我用打印机打印了全部代码，然后拿着荧光笔坐在书桌前，用 1 小时仔细阅读。当时正是夏季，所以几天后连休时，我索性去了附近的海边。在新泽西州海岸线上的小城波因特普莱森，我坐在海边的便携式椅子上享受温暖的阳光。迎着凉爽的海风，看着不远处的海面泛起波浪。

长长的海岸线上，有飞机在机尾挂着广告条幅于天空徘徊。还有一些异国风情的海鸥好像在模仿电影《黑客帝国》中的场景，飘浮在空中一动不动，在钴色天空下悠然自得。躺在滚烫沙滩上的情侣们如入无人之境，我不由为之侧目。就在这种令人心旷神怡的度假环境中，我才真正理解了 Jeff Somers 的代码。

只靠阅读理解别人的代码并非易事，而实际编程中，需要做的工作有一半以上是阅读并理解别人编写的代码。因此，宁可自己编写新代码也不愿阅读别人代码的人，很难成为优秀的程序员。即使与"工作"无关，也可以在休闲娱乐、上洗手间、独自吃午饭、上下班时，利用碎片化时间阅读刊登在趣味书籍（比如大家正在看的这本）中的代码。等到形成习惯，各位的编程实力会有大幅提升。

需要事先声明，Jeff Somers 的程序并不是简单编写的代码。若没有程序员应具备的坚韧和注意力，很难正确理解全部代码。虽然不像 3 行 Perl 程序那样故意编写得很难，但一开始就想彻底理解所有细节会很容易厌倦，所以开始时应尽可能以掌握整体框架为主。

为了进一步解释 Jeff Somers 的"注释"，我在程序源代码后面又进行了一些说明。需要另外讲解位运算、2 的补码以及程序其他部分的人，请先阅读后续章节，再阅读主程序。需要自行理解程序运行原理的人，请反复阅读 Nqueen 函数部分。开始时也许无法理解，但"书读百遍，其义自见"。（此处为了尊重作者本意，也尽可能进行了"直译"。）

```
/* Jeff Somers
 *
 * 版权所有 (c) 2002
 *
 * jsomers@alumni.williams.edu
 * or
 * allagash98@yahoo.com
 *
 * 2002 年 4 月
 *
 * 程序： nq
 *
 * 求 N 皇后问题的解的个数。
 * 此程序以 2 的补码体系为前提。
 *
 * 例如，在 4×4 棋盘中，若想让 4 个"皇后"不能互相攻击，可按照如下形式摆放。
 *
 * 两个解：
 *
 *    _ Q _ _              _ _ Q _
 *    _ _ _ Q              Q _ _ _
```

```
*    Q _ _ _                   _ _ _ Q
*     _ _ Q _        以及       _ Q _ _
*
* 虽然这两种解法像镜像一样相互对称，但需要注意，二者并不相同。
*
* 同样，8×8 大小的棋盘中，摆放 8 个"皇后"的问题共有 92 种解法。
*
* 命令行使用法：
*
*        nq N
*
*     N 表示 N×N 棋盘的大小。例如，nq 4 会对 4×4 大小棋盘中摆放 4 个"皇后"
*     的问题进行求解。
*
* 此程序不会输出各个解的摆放位置，而只输出解的个数。若想输出棋盘中"皇后"
*   的摆放位置，则在 Nqueen 函数中恢复被注释的 printtable 函数即可。输出
*   棋盘排列的情况下，需要按照如下形式将输出内容保存到文本文件，否则将大幅
*   影响程序的处理速度。
*
* nq 10 > output.txt
*
* 对于 N 皇后问题，目前最大只能解 23×23 大小的棋盘。我通过此程序只对
*   21×21 大小的棋盘进行过求解，即使如此，在 800 MHz 的 PC 中，计算时间也
*   超过 1 周。大体上看，此算法的速度为 O(n!)（比较慢）。计算 22×22 棋盘的
*   时间是其 8.5 倍，即需要耗费 8 周半。即使使用 10 GHz 的计算机计算 23×23
*   的棋盘，也会耗费 1 个月以上。当然，若使用集群计算机（或分布式客户端）则
*   耗时极短。
*
* （出自《对 A000170 整数数列的 Sloane 在线百科大全》
```

```
* http://www.research.att.com/cgibin/access.cgi/as/
* njas/sequences/ eisA.cgi?Anum=000170)
*
*
* 棋盘大小：            N 皇后问题的        在 800 MHz PC 中
* (NxN 大小的棋盘中      解的个数：          耗费的时间
* N 的大小 )                               ( 时 : 分 : 秒 )
*
*   1                   1               n/a
*   2                   0               < 0 seconds
*   3                   0               < 0 seconds
*   4                   2               < 0 seconds
*   5                  10               < 0 seconds
*   6                   4               < 0 seconds
*   7                  40               < 0 seconds
*   8                  92               < 0 seconds
*   9                 352               < 0 seconds
*  10                 724               < 0 seconds
*  11                2680               < 0 seconds
*  12               14200               < 0 seconds
*  13               73712               < 0 seconds
*  14              365596               00:00:01
*  15             2279184               00:00:04
*  16            14772512               00:00:23
*  17            95815104               00:02:38
*  18           666090624               00:19:26
*  19          4968057848               02:31:24
*  20         39029188884               20:35:06
*  21        314666222712               174:53:45
```

```
 *    22            2691008701644                    ?
 *    23            24233937684440                   ?
 *    24                 ?                            ?
 */
#include <stdio.h>
#include <stdlib.h>
#include <time.h>

/*
对 MAX_BOARDSIZE 的附加说明：

无符号的 32 位 long 长整型变量可保存 18×18 棋盘的计算结果（666 090 624
个解），但无法保存 19×19 棋盘的计算结果（4 968 057 848 个解）。

为了在 win32 环境中保存结果，使用 64 位变量，并在 MAX_BOARDSIZE 中只将大
小设置为 21，因为 21 是我要计算的最大值。

注意：计算 20×20 棋盘时，用奔腾Ⅲ 800 MHz 计算机耗费了 20 小时以上。同一
台计算机中，若计算 21×21 棋盘，计算时间会超过 1 周。

UNIX 环境中，为了保存 19×19 以上棋盘的计算结果，需要将 g_numsolutions
的数据类型从无符号 long 转换为无符号 long long，或者更改为 32 位 int 型数
据类型。
*/

#ifdef WIN32

#define MAX_BOARDSIZE 21
typedef unsigned __int64 SOLUTIONTYPE;
```

```
#else

#define MAX_BOARDSIZE 18
typedef unsigned long SOLUTIONTYPE;

#endif

#define MIN_BOARDSIZE 2

SOLUTIONTYPE g_numsolutions = 0;

/* 根据求出的解，输出棋盘中"皇后"的摆放位置。 */
/* 此函数并不重要，所以没有进行优化。 */
void printtable(int boardsize, int* aQueenBitRes,
                SOLUTIONTYPE numSolution)
{
    int i, j, k, row;

    /* 只计算了半数解。剩下的一半与以 Y 轴为中心进行旋转的结果相同，
       故不再计算。*/
    for (k = 0; k < 2; ++k)
    {
#ifdef WIN32
        printf("*** Solution #: %I64d ***\n",
            2 * numSolution + k - 1);
#else
        printf("*** Solution #: %d ***\n",
            2 * numSolution + k - 1);
```

```
#endif
    for ( i = 0; i < boardsize; i++)
    {
        unsigned int bitf;
        /*
            找出设置为 1 的列。
            (即在设置为 1 的数值中，找出排在最右侧的数值。)
            若 aQueenBitRes[i] 等于 011010b,
            则有 bitf=000010b。
        */
        bitf = aQueenBitRes[i];

        row = bitf ^ (bitf & (bitf - 1));
                    /* 求出最低位的值。 */
        for ( j = 0; j < boardsize; j++)
        {
            /* 找出二进制的 1 之前,
                始终向右侧移动。只存在 1 个 1。 */
            if (0 == k && ((row >> j) & 1))
            {
                printf("Q");
            }
            /* 通过此过程，求出沿 Y 轴映射的棋盘 */
            else if (1 == k && (row &
                    (1 << (boardsize - j - 1))))
            {
                printf("Q");
            }
            else
```

```
                {
                    printf(".");
                }
            }
            printf("\n");
        }
        printf("\n");
    }
}
```

/* 此函数将会求出 N 皇后问题的解。首先求出半数解，将结果沿 Y 轴映射，求出其
   余半数解。利用相同的方法，所有求出解都能产出另一个解。（当然，棋盘大小为
   1×1 的情况是例外。）以 Y 轴为中心，左右相同的形态不能成为解（因为同一行
   不能有两个"皇后"）。另外，具有奇数列的棋盘中，一个以上的"皇后"被摆放
   在中间列的情况也不能成为解，因为同一列不能摆放两个"皇后"。

   此函数使用回溯法。首先将"皇后"摆在最顶行，其次标记"皇后"占有的列和
   对角线，之后将下一个"皇后"摆在第二行。当然，此时需要避开第一个"皇后"
   占领的位置。标记第二个"皇后"占领的位置后，移到下一行。若此行没有可摆
   放的位置，则返回到上一行。返回后，将"皇后"摆放到其他位置，继续执行计算。
*/
void Nqueen(int board_size)
{
    /* 结果 */
    int aQueenBitRes[MAX_BOARDSIZE];
    /* 标记已摆放"皇后"的列。*/
    int aQueenBitCol[MAX_BOARDSIZE];
```
```

```c
/* 标记"皇后"占领的对角线位置。 */
int aQueenBitPosDiag[MAX_BOARDSIZE];

/* 标记"皇后"占领的对角线位置。 */
int aQueenBitNegDiag[MAX_BOARDSIZE];

/* 不用递归算法，而改用栈。 */
int aStack[MAX_BOARDSIZE + 2];
register int* pnStack;

/* 可以重复利用 numrows 栈。 */
register int numrows = 0;

/* 最低位，即最右侧的位。 */
register unsigned int lsb;

/* 设置为 1 的位表示可以摆放"皇后"。 */
register unsigned int bitfield;
int i;

/* 若棋盘大小（列数和行数）为偶数，则为 0，否则为 1。 */
int odd = board_size & 1;

/* 棋盘大小减 1 */
int board_minus = board_size - 1;

/* 若棋盘大小为 N，那么 mask 由 N 个 1 组成。 */
int mask = (1 << board_size) - 1;
```

```
/* 初始化栈。*/
/* 设置边界，表示栈结束。 */
aStack[0] = -1;


/* 注意：若 board_size 为奇数，
        则 (board_size & 1) 必定为真。*/
/* 若 board_size 为偶数，则需要再运行一次循环 */
for (i = 0; i < (1 + odd); ++i)
{
    /* 此部分并不重要，不必优化。 */
    bitfield = 0;
    if (0 == i)
    {
        /* 只对除中间列外的半个棋盘进行操作。因此，若棋盘大小为 5×5，
           那么第一行会是 00011。（暂时）不考虑将"皇后"摆放到中间列
           的情况。
        */

        /* 除以 2。 */
        int half = board_size>>1;

        /* 用 1 填满行的右半侧。若行的大小是 7，那么其一半是 3（忽略余数）。
           此时，bitfield 的值是二进制 111。 */
        bitfield = (1 << half) - 1;

        /* 栈指针 */
        pnStack = aStack + 1;

        aQueenBitRes[0] = 0;
```

```
                aQueenBitCol[0] = aQueenBitPosDiag[0] =
                                   aQueenBitNegDiag[0] = 0;
}
else
{
    /* 计算中间的列（大小为奇数的棋盘）。首先将中间列的位设为 1，之
       后对下一列的一半进行设置。因此，对第一行（1 个要素）和下一
       行的一半进行处理。若棋盘大小为 5×5，那么第一行是 00100，
       而第二行是 00011。
    */
    bitfield = 1 << (board_size >> 1);
    numrows = 1; /* 也许会是 0，所以需要此步骤。 */

    /* 第一行（中间列）只有 1 个"皇后"。 */
    aQueenBitRes[0] = bitfield;
    aQueenBitCol[0] = aQueenBitPosDiag[0]
                       = aQueenBitNegDiag[0] = 0;
    aQueenBitCol[1] = bitfield;

    /* 下面处理下一行。另外的一半会利用沿 Y 轴映射的方法进行处理，
       所以此处只对一半部分进行设置。 */
    aQueenBitNegDiag[1] = (bitfield >> 1);
    aQueenBitPosDiag[1] = (bitfield << 1);
    pnStack = aStack + 1; /* 栈指针 */

    /* 此行只存在 1 个要素，所以对此行的处理已结束。 */
    *pnStack++ = 0;

    /* bitfield-1 是 1 个 1，左侧部分全都是 1。 */
```

```
    bitfield = (bitfield - 1) >> 1;
}

/* 这是一个重要的循环。 */
for (;;)
{
    /* 为了求出第一个1 (最低位),也可以用 lsb=bitfield^(bitfield
        & (bitfield-1));,但这种方法比较慢。 */

    /* 此计算使用2的补码体系。 */
    lsb = -((signed)bitfield) & bitfield;

    if (0 == bitfield)
    {
        /* 从栈求出前面的值。 */
        bitfield = *--pnStack;
        if (pnStack == aStack) {
            /* 如果栈结束…… */
            break ;
        }
        --numrows;
        continue;
    }

    /* 变换此位的值,使其以后不再计算。 */
    bitfield &= ~lsb;

    /* 保存结果。 */
    aQueenBitRes[numrows] = lsb;
```

```
/* 还有需要处理的行吗？ */
if (numrows < board_minus)
{
    int n = numrows++;
    aQueenBitCol[numrows] = aQueenBitCol[n] | lsb;
    aQueenBitNegDiag[numrows]
        = (aQueenBitNegDiag[n] | lsb) >> 1;
    aQueenBitPosDiag[numrows]
        = (aQueenBitPosDiag[n] | lsb) << 1;
    *pnStack++ = bitfield;

    /* 其他 "皇后" 已占领的行、列、对角线上，不能再放置其他 "皇
       后"。 */
    bitfield = mask & ~(aQueenBitCol[numrows]
                | aQueenBitNegDiag[numrows]
                | aQueenBitPosDiag[numrows]);
    continue;
}
else
{
    /* 没有可处理的行。即找到了解。 */
    /* 若想输出棋盘形态，请删除下面调用 printtable 函数部分
       的注释符号。 */
    /* printtable(board_size,
                aQueenBitRes,
                g_numsolutions + 1); */
    ++g_numsolutions;
    bitfield = *--pnStack;
```

```
            --numrows;
            continue;
        }
    }
}

/* 为了考虑映射的图像，得出的解的个数乘以 2。 */
g_numsolutions *= 2;
}

/* 执行结束后，输出结果。 */
void printResults(time_t* pt1, time_t* pt2)
{
    double secs;
    int hours , mins, intsecs;

    printf("End: \t%s", ctime(pt2));
    secs = difftime(*pt2, *pt1);
    intsecs = (int)secs;
    printf("Calculations took %d second%s.\n",
        intsecs, (intsecs == 1 ? " " : "s"));

    /* 输出时、分、秒。 */
    hours = intsecs/3600;
    intsecs -= hours * 3600;
    mins = intsecs/60;
    intsecs -= mins * 60;
    if (hours > 0 || mins > 0)
    {
```

```
        printf("Equals ");
        if (hours > 0)
        {
            printf("%d hour%s, ", hours,
                (hours == 1) ? " " : "s");
        }
        if (mins > 0)
        {
            printf("%d minute%s and ", mins,
                (mins == 1) ? " " : "s");
        }
        printf("%d second%s.\n", intsecs,
            (intsecs == 1 ? " " : "s"));
    }
}


/* N 皇后程序的主程序 */
int main(int argc, char** argv)
{
    time_t t1, t2;
    int boardsize;

    if (argc != 2) {
        printf("N Queens program by Jeff Somers.\n");
        printf("\tallagash98@yahoo.com or jsomers@alumni.
            williams.edu\n");
        printf("This program calculates the total number
            of solutions to the N Queens problem.\n");
        printf("Usage: nq <width of board>\n");
```

```
        return 0;
    }


    boardsize = atoi(argv[1]);

    /* 查看棋盘大小是否在正确范围内。 */
    if (MIN_BOARDSIZE > boardsize ||
        MAX_BOARDSIZE < boardsize)
    {
        printf("Width of board must be between %d
            and %d, inclusive.\n",
            MIN_BOARDSIZE, MAX_BOARDSIZE );
        return 0;
    }


    time(&t1);
    printf("N Queens program by Jeff Somers.\n");
    printf("\tallagash98@yahoo.com or jsomers@alumni.
        williams.edu\n");
    printf("Start: \t %s", ctime(&t1));


    Nqueen(boardsize); /* find solutions */
    time(&t2);


    printResults(&t1, &t2);


    if (g_numsolutions != 0)
    {
```

```
#ifdef WIN32
        printf("For board size %d,
                %I64d solution%s found.\n",
                boardsize, g_numsolutions,
                (g_numsolutions == 1 ? " " : "s"));
#else
        printf("For board size %d,
                %d solution%s found.\n",
                boardsize, g_numsolutions,
                (g_numsolutions == 1 ? " " : "s"));
#endif
    }
    else
    {
    printf("No solutions found.\n");
    }

    return 0;
}
```

# 4.6

# 复习位运算符

对于程序员来说，"位"相当于现实世界中构成水和空气的粒子。编程世界中的所有东西都会从位起始，以位结束。刚步入编程世界的初学者看到整数就是整数，看到字符串就是字符串。但功力深厚的程序员眼中，无论整数还是字符串，它们都是位。电影《黑客帝国》中，主人公尼奥眼里的史密斯是由绿色位代码构成的计算机程序。对大部分影迷来讲，这只不过是一种"想象"；但对计算机程序员而言，这并不是想象，而是"现实"。

与系统编程不同，一般应用程序的编程对位运算的要求并不高。即使如此，很少有程序员不懂位运算，因为在不懂位运算的情况下编写程序，就像在现实世界中不呼吸、不喝水一样，几乎不可能。

▲站在远处的史密斯等人呈现带有位特征的外貌

但是，阅读 Jeff Somers 的代码时，一定有人会努力回忆："这是位运算符，那它是什么意思？"接下来，为了这部分读者，我们先简单复习位运算符相关知识。C 语言中，有 6 种代表性的位运算符。

| 运算符 | 含义 |
| --- | --- |
| & | 按位与 AND |
| \| | 按位或 OR |
| ^ | 按位异或 XOR |
| >> | 右移 right shift |
| << | 左移 left shift |
| ~ | 取反 NOT |

▲位运算符表

1 为真、0 为假时，按位与（AND）与我们常用的布尔代数完全一致。下面的运算式表示几种按位与后的运算结果。

```
1 & 1 = 1
1 & 0 = 0
0 & 1 = 0
0 & 0 = 0
```

按位或（OR）也与布尔代数完全一致。下面的运算式表示几种按位或后的运算结果。

```
1 | 1 = 1
1 | 0 = 1
0 | 1 = 1
0 | 0 = 0
```

按位异或（XOR）运算中，两运算位相互不同得 1，相同得 0。（相互异或为真，相互不异或为假。）

```
1 ^ 1 = 0
1 ^ 0 = 1
0 ^ 1 = 1
0 ^ 0 = 0
```

位的右移（right shift）运算会将整个位按照给定大小向右移动。假如，对二进制数 100110 进行如下右移运算。

```
100110 >> 3
```

此运算式表示，将 100110 向右移动 3 位。运算过程中，需要将整个位向右移动 3 位，并在左侧空出来的位补 0，所以运算结果会是 000100。各位可以自行确认，将一个数的所有位向右移动 1 位，相当于将此数除以 2。

位的左移与右移恰好相反。将位向左移动 1 次，相当于向给定数值乘以 2。例如，001010 << 2 的运算结果是 101000。001010 的十进制是 10，而 101000 的十进制是 40。10 乘以 2 两次就能得到 40，这也证明了前面的理论。

最后的取反（NOT）运算会将 0 变为 1，将 1 变为 0。因此，~0 等于 1，~1 等于 0。

# 2的补码

简言之，补码是使用二进制数表示的数值系统中，决定如何表示负数的方法。现代电子计算机只能识别 0 和 1，所以想表示 0001 的负数时，不能采用 –0001 这种形式（引入负号就意味着需要识别 0 和 1 以外的符号）。因此，需要在二进制表示法内部引入一种规则，约定一种特定方式表示负数，这就是 2 的补码。

2 的补码体系中，以 0 开头的二进制数表示正数，以 1 开头的表示负数。假设用 4 个二进制位表示 1 个数值。$2^4 = 16$，所以 4 个二进制位能够表示的最大数值是十进制数的 16。但是，需要考虑负号的时候，能够表示的最大数值只能减小一半。即 16 个数值的一半——8 个数值可以表示正数，而剩余的 8 个数值可以表示负数。

不过，用 8 个二进制数值表示十进制 1~8 的数值，再用剩余的 8 个二进制数值表示 –1~ –8 的十进制数值后，没有剩余的二进制数值能够表示 0。为了解决此问题，2 的补码中规定，用 0000 表示 0。然后用 7 个数值表示数值（正数）1~7，而剩余的 8 个二进制数值就表示 −1~ −8 的十进制数值（负数）（所以多 1 个负数）。使用 2 的补码的体系中，各二进制数值表示的十进制数值如下所示。

```
0000    0
0001    1
0010    2
0011    3
0100    4
0101    5
0110    6
0111    7
1000   -8
1001   -7
1010   -6
1011   -5
1100   -4
1101   -3
1110   -2
1111   -1
```

Jeff Somers 的代码中，采用如下方法求变量 bitfield 的最低位。（其实求出的并不是最低位，而是处在最右侧的 1 的位置。）

```
lsb = -((signed)bitfield) & bitfield;
```

为了应用 2 的补码的逻辑，首先将 bitfield 的类型变换为 signed。C 语言中，某个整型变量被定义为 unsigned 类型时，将不再适用 2 的补码的逻辑。因此，与 signed 类型的变量相比，能够表示的数值（量）就会增加到 2 倍。基于这种原因，在 Nqueen 函数数据类型的声明部分，bitfield 被声明为 unsigned 类型。（前面附加的 register 将告诉编译器："尽可能将该变量保存到 CPU 的寄存器而不是内存空间。"不过，不能保证编译器一定照做。）

利用这种方式求出最低位的方法正是利用了 2 的补码体系具有的特性。对任一正数而言，与此数值的负数表示法进行按位与运算，就能求出此正数最低位的 1 的位置。假设这个正数是 5。二进制表示法中，5 等于 0101。2 的补码体系中，–5 等于 1011。接下来对两个数值进行按位与运算。

```
  0101
& 1011
------
  0001
```

用 6 计算会得到与 5 不同的结果。6 的二进制是 0110，而 –6 是 1010。对两个数值进行按位与运算。

```
  0110
& 1010
------
  0010
```

很多读者可能在跟随程序逻辑流程的过程中遇到求 lsb 值的部分，他们通常会在此时放弃阅读。那么，此程序中，变量 lsb 到底意味着什么呢？bitfield 又表示什么？如果不能正确理解这些部分，那么即使对位运算和 2 的补码非常了解，也很难理解程序的整个流程。

—— 4.8 ——

# 分析Jeff Somers的算法

此程序注重的是，尽可能以"最快速度"求 N 皇后问题的解。因此，费一番心思才能读懂程序的整体流程。阅读程序代码时，不要试图理解每一行的完整意义，首先放宽眼界，"鸟瞰"整个程序。

理解整体流程后，每个细节包含的意义和目的就会自然浮现。阅读 Nqueen 函数时，首先应当正确理解实现"回溯法"的方法。若没有仔细阅读程序代码，那么根本不会对实现回溯法的方法有起码的感觉。

我在公司阅读别人编写的（复杂）代码时，经常会采用如下方法。首先删除包含注释的文本内容，然后对剩下的 if、while、for 等能够调节逻辑流程的部分进行探究。利用这种方式查看程序代码可以轻松理解复杂算法的整个流程。

```
for (i = 0; i < (1 + odd); ++i)
```

```
{
    if (0 == i)
    {
    }
    else
    {
    }
    for (;;)
    {
        if (0 == bitfield)
        {
            if (pnStack == aStack)
            { /* 如果栈结束…… */
                break ;
            }
            continue;
        }

        if (numrows < board_minus)
        {
            continue;
        }
        else
        {
            continue;
        }
    }
}
```

对 Nqueen 函数适用上述方法即可得到如上所示算法架构。由于删除了不少代码，所以很难掌握算法的实质性内容，但对于理解实现"回溯法"的方法已经足够了。首先思考第一个 for 循环。第一个循环中，若变量 odd 的值为 0，则只执行 1 次循环体中的语句；而值为 1 时，循环体中的语句会执行 2 次。根据代码，odd 的值定义如下形式。

```
int odd = board_size & 1;
```

若 board_size 的值为偶数，那么最低位的值为 0。因此，`board_size & 1` 的结果值也是 0，而 board_size 的值为奇数，`board_size & 1` 的结果值会是 1。可以看出，变量 odd 的值为 0，则棋盘大小是偶数；而值为 1 时，棋盘大小是奇数。此程序中，若棋盘大小是偶数，那么程序首先将棋盘一分为二，然后只对右侧棋盘求解。求出解后，对此解以 Y 轴为中心进行映射，以求出另一半解。程序开始部分的注释中提到过，N 皇后问题的解就像镜像，总是存在相互对称的一对解，如下图所示。

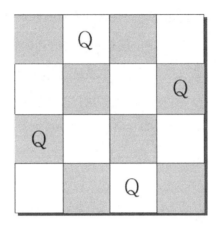

将此解"映射镜像"如下。

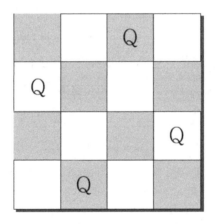

Jeff Somers 的程序首先会求出 Q 放置在 (1, 3) 位置时的解,然后通过调节 Q 的摆放位置求出另一个解。这种方式并不需要将 Q 摆放到 (1, 1)、(1, 2)、(1, 3)、(1, 4) 所有位置,而只需要在一半个数的位置,即 (1, 3) 和 (1, 4) 上摆放即可。这种技巧可以让算法的运算时间减半。

对算法的这种优化也适用于实际编程，请各位牢记。

另外，odd 的值为 1，即给定的棋盘大小是奇数时，前面介绍的 for 循环为了求出"皇后"被摆放到中间列时的解，会再执行 1 次循环体中的语句。假设棋盘大小为 5×5，那么执行第一次 for 循环时，搜索如下两种形态。

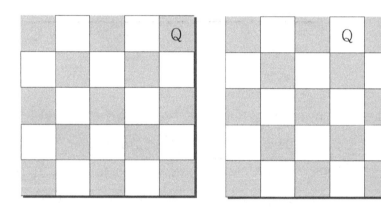

执行第二次 for 循环时，会对如下形态进行搜索。

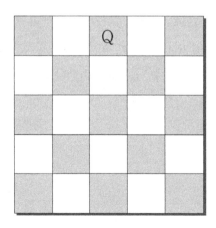

执行 for 循环内部嵌套的 for 循环前，首先执行如下 if-else 语句。此语句会对各种情况进行必要的初始化工作。

```
if (0 == i)
{
}
else
{
}
```

此 if-else 语句中的内容在整个算法中最多只执行 1 次，所以不会对算法性能产生太大影响，主要影响算法性能的是如下 for 循环内部代码。此代码实现的功能是"回溯法"，对各种情况判断能否成为正确的解，若找到或找不到解，则返回上一步。（优化算法时，需要记住 20-80 法则。大致而言，20% 的代码影响 80% 的性能，而剩余 80% 的代码只影响 20% 的性能。提高算法性能时，只需考虑影响性能最多的这 20% 的代码。Jeff Somers 的代码中，如下形式的 for 循环相当于影响性能的 20% 代码，而包括 if-else 在内的其余代码属于对性能影响不大的 80% 代码。）

```
for (;;)
    {
        if (0 == bitfield)
        {
```

```
        if (pnStack == aStack) {
        /* 如果栈结束…… */
            break ;
        }
        continue;
    }

    if (numrows < board_minus)
    {
        continue;
    }
    else
    {
        continue;
    }
}
```

  此算法采用的并不是递归的方法，而利用程序内部定义的栈，协调回溯搜索过程。为了设计能够"快速"运算的算法，使用自己能够控制的栈比利用递归更有利。要想准确获知 for 循环内部中的算法执行流程，至少需要了解 3 个变量的正确的意义——bitfield、lsb 以及 numrows。

  接下来，像慢动作回放一样慢慢执行 for 循环内部语句，并仔细观察各变量的变化过程。先考虑 $N = 6$ 的情况。如下图所示，假设有 $6 \times 6$ 大小的棋盘。

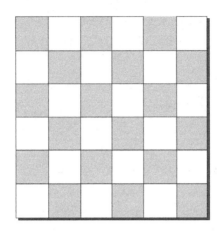

根据 Nqueen 函数实现的逻辑，函数并不会对第一行的所有格子全部进行搜索。而是分成一半后，只搜索右面的格子。因此，第一行可放置 Q 的位置仅限于 (1, 4)、(1, 5)、(1, 6)。以二进制形式表示时，若将无法放置 Q 的位置设为 0，能够放置的位置设为 1，则可表示为 000111。即前面 3 个位置都是 0，所以无法放置 Q；而后面 3 个位置都是 1，可以放置。

保存这种位序列的变量就是 bitfield。开始内部 for 循环前，为了使 bitfield 保存这种数值，按照如下形式对其进行初始化。

```
bitfield = (1 << half) - 1;
```

变量 half 将保存 board_size 的值除以 2 的数值。因此，$N = 6$ 时，此数值将会是 3。1<<half 运算表示将 1 向左移 3 位，所以计算结果是 1000。接下来，1000 减去 1 就是 111，即 bitfield 的值是 000111（非

常巧妙 )。

if 语句 if(numrows < board_minus) 内部将重新设置 bitfield，内容如下所示。

```
bitfield = mask & ~(aQueenBitCol[numrows] |
                    aQueenBitNegDiag[numrows] |
                    aQueenBitPosDiag[numrows]);
```

虽然看似复杂，但逐一查看位运算就会发现，此语句不难理解。假设，在 (1, 6) 位置放置 Q 后，在下一行搜索可放置 Q 的位置。

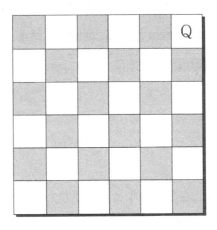

在第二行搜索可放置 Q 的位置时，应当排除摆放 Q 的最后一列。保存 Q 占有的其他列的变量就是 aQueenBitCol[numrows]。另外，保存已放置 Q 的左下对角线信息的变量是 aQueenBitPosDiag[numrows]，保存右下对角线信息的变量是 aQueenBitNegDiag[numrows]。

在下一行寻找可摆放 Q 的位置时，应当排除 Q 占领的其他位置。那么，对第二行的 bitfield 的值就会是 111100。（1 是可摆放 Q 的位置，0 是不可摆放的位置！）对 $N = 6$ 的情况，请逐行执行程序代码，并查看对第二行的 bitfield 值是否为 111100。

至此，我们已经明白了 bitfield 的值等于 0 将意味着什么。bitfield 的值为 0 就表示位序列是 000000，这表明已没有可摆放位置，即遇到了死路！（按照树结构讲，搜索路径已到达末端叶节点。）

查看 if(0==bitfield) 语句可以发现，遇到上述情况时，会取出栈中保存的 bitfild 的值，即表示上一行中可摆放 Q 的位置的 bitfield 值。之后，对此 bitfield 值进行相同搜索。如果能理解此过程，那就基本掌握了 Jeff Somers 实现的"回溯法"原理。

此处需要关注的语句是，紧随 if(0 == bitfield) 之后出现的如下代码。

```
bitfield &= ~lsb;
```

变量 lsb 表示处在最右侧位的最小单位，即 least significant bit（最低有效位）。但在此程序中，表示的并不是实际的最低有效位，而是 bitfield 保存的位序列中，处在最右侧的 1 的位置。假如，bitfield 等于 110010，那么 lsb 是 000010。若 bitfield 等于 011000，则 lsb 等于 001000。前面简单提到过求 lsb 的语句，对此语句执行的位运算进行仔细分析，也是一种很好的学习。

```
lsb = ~ ((signed)bitfield) & bitfield;
```

如上所示，对表示最右侧 1 的位置的变量 lsb 执行 bitfield
&=~lsb 运算。结果，bitfield 位序列中，lsb 指向的 1 位置的值被设
为 0。假设 bitfield 是 110010，而 lsb 是 000010，那么 ~lsb 就是
111101。下面执行如下运算过程。

```
  111101
& 110010
--------
  110000
```

bitfield 保存的位序列 110010 中，将 lsb 指向 1 的位置的值设为
0。采用这种方法的目的在于，若在第一行 (1, 6) 位置放置了 Q，最终
被回溯算法返回时，不需要再次搜索该位置。变量 lsb 最终表示 Q 的
当前摆放位置，而 numrows 表示当前正在搜索的行的位置。

如果能够理解以上所有内容，那么理解 Jeff Somers 算法的整个
流程就不会太难。据 Jeff Somers 称，他编写的 Nqueen 函数比 Timothy
Rolfe 教授编写的算法快 10 倍（后者为 *Dr. Dobb's Journal* 撰写专栏）。

# 参考文献及网址

- *Literate Programming*, Center for the Study of Language and Information, 1992
- 《计算机程序设计艺术 卷3：排序与查找（第2版）》
- 《数据结构与算法分析——C语言描述》
- *Crypto*, Penguin Books, 2001
- *The Analysis of Algorithms*, Holt, Rinehart and Winston, Inc., 1985
- *Compared to What?*, W. H. Freeman and Company, 1992
- 《C程序设计语言》
- *Algorithms and Data Structures in C++*, John Wiley & Sons, Inc., 1996
- 《C语言算法讲解》，正益社，1996
- GNU项目主页：www.gnu.org
- 寻找梅森素数项目主页：www.mersenne.org
- IOCCC（The International Obfuscated C Code Contest）主页：www.ioccc.org
- 亚当·贝克主页：http://www.cypherspace.org/~adam/rsa/story2.html

# 索引

# 版 权 声 明

# TURING

图灵教育

站在巨人的肩上

Standing on the Shoulders of Giants

TURING

图灵教育

# 站在巨人的肩上
## Standing on the Shoulders of Giants